由河南省科技著作项目资助出版

河南省马圆线虫研究

卜艳珍　编著

河南科学技术出版社

·郑州·

内容提要

本书主要根据笔者及其研究组多年来的研究成果编撰而成。全书共分五章：第一章介绍了马圆线虫国内外的研究进展，分别从分类学、生活史、寄生部位、致病机制、流行病学、疾病防治、分子诊断与系统发育学等方面进行了阐述；第二章对河南省35种马圆线虫的形态特征进行了详细描述，并提供了非常清晰的光镜和扫描电镜图谱；第三章介绍了河南省马圆线虫感染的基本状况；第四章主要探讨河南省马圆线虫的分子遗传特征及其系统进化关系，对一些种属的分类地位进行分析；第五章介绍了河南省马圆线虫在形态学、生态学和分子生物学三个领域的主要研究方法。

本书内容翔实、图片清晰、语句流畅，可供高等院校畜牧兽医专业、医学专业、生物学专业的师生及畜牧研究工作者阅读和参考。

图书在版编目（CIP）数据

河南省马圆线虫研究/卜艳珍编著.—郑州：河南科学技术出版社，2016.3
ISBN 978-7-5349-7933-0

Ⅰ.①河… Ⅱ.①卜… Ⅲ.①马-线虫感染-研究-河南省 Ⅳ.①S858.21 ②S852.73

中国版本图书馆 CIP 数据核字（2015）第 220128 号

出版发行：河南科学技术出版社
地 址：郑州市经五路 66 号　邮编：450002
电 话：(0371) 65788001　65788613
网 址：www.hnstp.cn

策划编辑：周本庆　陈淑芹
责任编辑：陈淑芹
责任校对：董静云
封面设计：苏　真
版式设计：栾亚平
责任印制：张　巍
印　　刷：河南新华印刷集团有限公司
经　　销：全国新华书店

幅面尺寸：185 mm×260 mm　印张：9.5　字数：220 千字
版　　次：2016 年 3 月第 1 版　2016 年 3 月第 1 次印刷
定　　价：60.00 元

如发现印、装质量问题，影响阅读，请与出版社联系并调换。

前 言

马圆线虫隶属于圆线目 Strongylida 圆线亚目 Strongylina 圆线科 Strongylidae，是马属动物（马、驴、骡）肠道寄生线虫的一个重要类群，也是马属动物线虫病的主要病原体。当马圆线虫大量寄生时，往往造成动物消瘦、贫血甚至死亡，给畜牧业养殖带来较大的经济损失。

河南省地处华北平原，是一个农牧业大省。近些年来，河南省的畜牧业养殖发展非常迅速，尽管马、驴、骡不是主要的经济养殖动物，但是由于它们身体健壮，抵抗力强，并且能吃苦耐劳，在许多山区仍然发挥着使役功能。加上驴肉细腻味美、营养价值高，是宴席上的佳肴，因此驴的饲养前景较好。根据国内外的研究报道，马、驴肠道寄生线虫的感染率一般为70%~100%，感染强度有时多达几千甚至上万条。因此，对马圆线虫的研究不容忽视。

1984年，甘永祥等仅给出了河南省马圆线虫的名录，此后再无其他方面的深入报道。鉴于此，笔者及其研究组在2006~2013年，调查了河南省36头驴和8匹马的寄生线虫感染情况，共发现35种马圆线虫，隶属2亚科13属，其中7种为河南省新纪录。研究组主要从形态学、生态学和分子生物学三个方面对马圆线虫进行了研究。此项研究不仅在河南省尚属首次，乃至全国也鲜有报道。

本书共分五章，主要包括马圆线虫研究进展、河南省马圆线虫种类记述、河南省马圆线虫感染状况、河南省马圆线虫遗传特征及进化关系、河南省马圆线虫研究方法等内容。在本书的编写过程中，河北师范大学博士生导师张路平教授给予了大力支持和帮助。此外，本书还得到国家自然科学基金项目（31372163）、河南省科技攻关计划项目（142102310121）和河南省创新型科技团队（C20140032）的资助，笔者在此表示最真挚的感谢！

由于笔者水平有限，书中可能存在不足之处，敬请广大读者批评指正。

卜艳珍
2015年3月

目 录

第一章 马圆线虫研究进展 ……………………………………………………（1）
  一、分类学 ………………………………………………………………………（1）
  二、生活史 ………………………………………………………………………（3）
  三、寄生部位 ……………………………………………………………………（5）
  四、致病机制 ……………………………………………………………………（6）
  五、流行病学 ……………………………………………………………………（7）
  六、疾病防治 ……………………………………………………………………（8）
  七、分子诊断学与系统发育学 …………………………………………………（9）
    1. 分子诊断学 ………………………………………………………………（9）
    2. 系统发育学 ………………………………………………………………（10）

第二章 河南省马圆线虫种类记述 ……………………………………………（13）
  一、概述 …………………………………………………………………………（13）
  二、形态分类 ……………………………………………………………………（15）
  三、种类描述 ……………………………………………………………………（17）
    （一）圆线亚科 Strongylinae Railliet, 1885 ……………………………（17）
    圆形属 *Strongylus* Müeller, 1780 …………………………………………（17）
      1. 马圆形线虫 *Strongylus equinus* Müeller, 1780 ………………………（17）
      2. 无齿圆形线虫 *Strongylus edentatus* (Looss, 1900) …………………（18）
      3. 普通圆形线虫 *Strongylus vulgaris* (Looss, 1900) ……………………（20）
    三齿属 *Triodontophorus* Looss, 1902 ……………………………………（20）
      4. 锯齿状三齿线虫 *Triodontophorus serratus* (Looss, 1900) …………（21）
      5. 短尾三齿线虫 *Triodontophorus brevicauda* Boulenger, 1916 ………（23）
      6. 日本三齿线虫 *Triodontophorus nipponicus* Yamaguti, 1943 ………（24）
    双齿口属 *Bidentostomum* Tshoijo, 1957 …………………………………（26）
      7. 伊氏双齿口线虫 *Bidentostomum ivaschkini* Tshoijo, 1957 …………（26）
    （二）盅口亚科 Cyathostominae Nicoll, 1927 ……………………………（27）
    盅口属 *Cyathostomum* (Molin, 1861) Hartwich, 1986 …………………（27）
      8. 四刺盅口线虫 *Cyathostomum tetracanthum* (Mehlis, 1831) ………（27）
      9. 碗形盅口线虫 *Cyathostomum catinatum* Looss, 1900 ………………（29）

10. 蝶状盅口线虫 *Cyathostomum pateraturm* (Yorke and Macfie, 1919)
··· (31)

冠环属 *Coronocyclus* Hartwich, 1986 ················· (33)
11. 冠状冠环线虫 *Coronocyclus coronatus* (Looss, 1900) ············ (33)
12. 大唇片冠环线虫 *Coronocyclus labiatus* (Looss, 1902) ············ (35)
13. 小唇片冠环线虫 *Coronocyclus labratus* (Looss, 1900) ············ (37)
双冠属 *Cylicodontophorus* Ihle, 1922 ················· (39)
14. 双冠双冠线虫 *Cylicodontophorus bicoronatus* (Looss, 1900) ······ (39)
杯环属 *Cylicocyclus* Ihle, 1922 ················· (40)
15. 辐射杯环线虫 *Cylicocylus radiatus* (Looss, 1900) ············ (40)
16. 艾氏杯环线虫 *Cylicocyclus adersi* (Boulenger, 1920) ············ (42)
17. 阿氏杯环线虫 *Cylicocyclus ashworthi* (LeRoux, 1924) ············ (44)
18. 耳状杯环线虫 *Cylicocylus auriculatus* (Looss, 1900) ············ (46)
19. 短口囊杯环线虫 *Cylicocyclus brevicapsulatus* (Ihle, 1920) ······ (48)
20. 长形杯环线虫 *Cylicocyclus elongatus* (Looss, 1900) ············ (48)
21. 显形杯环线虫 *Cylicocyclus insigne* (Boulenger, 1917) ············ (50)
22. 细口杯环线虫 *Cylicocyclus leptostomus* (Kotlan, 1920) ············ (52)
23. 鼻状杯环线虫 *Cylicocyclus nassatus* (Looss, 1900) ············ (53)
24. 外射杯环线虫 *Cylicocyclus ultrajectinus* (Ihle, 1920) ············ (55)
杯冠属 *Cylicostephanus* Ihle, 1922 ················· (56)
25. 小杯杯冠线虫 *Cylicostephanus calicatus* (Looss, 1900) ············ (56)
26. 高氏杯冠线虫 *Cylicostephanus goldi* (Boulenger, 1917) ············ (58)
27. 长伞杯冠线虫 *Cylicostephanus longibursatus* (Yorke and Macfie, 1918)
··· (59)
28. 微小杯冠线虫 *Cylicostephanus minutus* (Yorke and Macfie, 1918) ···
··· (61)

斯齿属 *Skrjabinodentus* Tshoijo, in Popova, 1958 ············ (63)
29. 卡拉干斯齿线虫 *Skrjabinodentus caragandicus* Tshoijo, in Popova, 1958
··· (64)

彼得洛夫属 *Petrovinema* Erschow, 1943 ················· (64)
30. 杯状彼得洛夫线虫 *Petrovinema poculatum* (Looss, 1900) ············ (65)
杯口属 *Poteriostomum* Quiel 1919 ················· (65)
31. 不等齿杯口线虫 *Poteriostomum imparidentatum* Quiel 1919 ············ (66)
32. 拉氏杯口线虫 *Poteriostomum ratzii* (Kotlan, 1919) ············ (67)
副杯口属 *Parapoteriostomum* Hartwich, 1986 ················· (68)
33. 麦氏副杯口线虫 *Parapoteriostomum mettami* (Leiper, 1913) ··· (68)
34. 真臂副杯口线虫 *Parapoteriostomum euproctus* (Boulenger, 1917) ······
··· (69)

辐首属 *Gyalocephalus* Looss，1900 ……………………………………………（69）
　　　35. 头似辐首线虫 *Gyalocephalus capitatus* Looss，1900 ……………………（70）
第三章　河南省马圆线虫感染状况 ………………………………………………………（72）
　一、概述 …………………………………………………………………………………（72）
　二、感染特性 ……………………………………………………………………………（72）
　三、季节动态 ……………………………………………………………………………（76）
　　（一）季节分布 ………………………………………………………………………（76）
　　（二）季节变化 ………………………………………………………………………（76）
　　　1. 大型圆线虫季节变化 ……………………………………………………………（76）
　　　2. 小型圆线虫季节变化 ……………………………………………………………（78）
第四章　河南省马圆线虫遗传特征及进化关系 …………………………………………（83）
　一、概述 …………………………………………………………………………………（83）
　二、ITS 碱基序列 ………………………………………………………………………（84）
　　1. 无齿圆形线虫 ITS1+ITS2 序列 ……………………………………………………（86）
　　2. 普通圆形线虫 ITS1+ITS2 序列 ……………………………………………………（86）
　　3. 短尾三齿线虫 ITS1+ITS2 序列 ……………………………………………………（87）
　　4. 日本三齿线虫 ITS1+ITS2 序列 ……………………………………………………（87）
　　5. 伊氏双齿口线虫 ITS1+ITS2 序列 …………………………………………………（88）
　　6. 四刺盅口线虫 ITS1+ITS2 序列 ……………………………………………………（88）
　　7. 碗形盅口线虫 ITS1+ITS2 序列 ……………………………………………………（89）
　　8. 蝶状盅口线虫 ITS1+ITS2 序列 ……………………………………………………（89）
　　9. 冠状冠环线虫 ITS1+ITS2 序列 ……………………………………………………（90）
　　10. 大唇片冠环线虫 ITS1+ITS2 序列 …………………………………………………（91）
　　11. 小唇片冠环线虫 ITS1+ITS2 序列 …………………………………………………（92）
　　12. 双冠双冠线虫 ITS1+ITS2 序列 ……………………………………………………（92）
　　13. 辐射杯环线虫 ITS1+ITS2 序列 ……………………………………………………（92）
　　14. 艾氏杯环线虫 ITS1+ITS2 序列 ……………………………………………………（93）
　　15. 阿氏杯环线虫 ITS1+ITS2 序列 ……………………………………………………（94）
　　16. 耳状杯环线虫 ITS1+ITS2 序列 ……………………………………………………（95）
　　17. 长形杯环线虫 ITS1+ITS2 序列 ……………………………………………………（96）
　　18. 显形杯环线虫 ITS1+ITS2 序列 ……………………………………………………（97）
　　19. 细口杯环线虫 ITS1+ITS2 序列 ……………………………………………………（97）
　　20. 鼻状杯环线虫 ITS1+ITS2 序列 ……………………………………………………（98）
　　21. 外射杯环线虫 ITS1+ITS2 序列 ……………………………………………………（99）
　　22. 小杯杯冠线虫 ITS1+ITS2 序列 ……………………………………………………（99）
　　23. 高氏杯冠线虫 ITS1+ITS2 序列 ……………………………………………………（100）
　　24. 长伞杯冠线虫 ITS1+ITS2 序列 ……………………………………………………（100）
　　25. 微小杯冠线虫 ITS1+ITS2 序列 ……………………………………………………（101）

26. 杯状彼得洛夫线虫 ITS1+ITS2 序列 ……………………………… (102)
27. 不等齿杯口线虫 ITS1+ITS2 序列 ………………………………… (102)
28. 拉氏杯口线虫 ITS1+ITS2 序列 …………………………………… (103)
29. 麦氏副杯口线虫 ITS1+ITS2 序列 ………………………………… (103)
30. 真臂副杯口线虫 ITS1+ITS2 序列 ………………………………… (104)
31. 头似辐首线虫 ITS1+ITS2 序列 …………………………………… (104)

三、ITS 序列特征 …………………………………………………………… (105)

四、系统进化关系 …………………………………………………………… (121)

第五章 河南省马圆线虫研究方法 ……………………………………………… (125)

一、线虫标本的采集 ………………………………………………………… (125)

二、光镜和扫描电镜观察 …………………………………………………… (125)

    1. 光镜观察 …………………………………………………………… (125)

    2. 扫描电镜观察 ……………………………………………………… (125)

三、生态学统计方法 ………………………………………………………… (126)

四、分子生物学研究方法 …………………………………………………… (127)

    1. 虫体样本 …………………………………………………………… (127)

    2. 主要溶液的配置 …………………………………………………… (127)

    3. 总 DNA 的提取 …………………………………………………… (127)

    4. ITS 序列的 PCR 扩增 …………………………………………… (128)

    5. PCR 产物的纯化回收 …………………………………………… (128)

    6. DNA 序列测定与分析 …………………………………………… (128)

    7. 系统发育树的构建 ………………………………………………… (128)

主要参考文献 …………………………………………………………………… (129)

中文名索引 ……………………………………………………………………… (141)

拉丁学名索引 …………………………………………………………………… (143)

第一章 马圆线虫研究进展

一、分类学

马圆线虫隶属于圆线目 Strongylida 圆线亚目 Strongylina 圆线科 Strongylidae，主要寄生于马属动物（马、驴、骡）肠道内，又简称圆线虫，目前已发现 70 多个种[1,2]。根据形态学特征，尤其是头部特征，将圆线虫分为两类：一类是口囊呈亚球形或漏斗状的圆线亚科 Strongylinae，又被称为大型圆线虫（large strongyles）；一类是口囊呈圆柱形或环形的盅口亚科 Cyathostominae，又被称为盅口线虫或小型圆线虫（small strongyles）。盅口亚科的成虫一般比圆线亚科的个体小。

关于圆线虫的分类学研究，长期以来许多学者都付出了大量的心血[1~6]。最初，Molin[7]建立了盅口属 Cyathostomum，将寄生于马体内的小型线虫和中型线虫都定为一个种，命名为四刺盅口线虫 C. tetracanthum。Looss[8]认为马体内寄生线虫应该包括多个种类，而不能限定为一个种。在随后的研究中，Looss[9]用盅口属 Cyathostomum Molin,1861 描述了寄生于埃及马和驴的 12 个新种。后来他又认为 Cyathostomum 应为 Cyathostoma Blanchard, 1849 的同名，因而将前者更改为小盉口属 Cylichnostomum Looss, 1901。在 1900~1902 年间 Looss 发现了大量的圆线虫种类，并且做了详细的描述。不过，现代圆线虫的分类系统却是建立在荷兰学者 Ihle 的分类学基础之上。Ihle[10]把圆线亚科和盅口亚科都置于圆线亚科，共分 8 个属：圆形属 Strongylus，三齿属 Triodontophous，食道齿属 Oesophagodontus，盆口属 Craterostomum，盉口属 Cylicostomum，杯口属 Poteriostomum，柱咽属 Cylindropharynx 和辐首属 Gyalocephalus。其中前 4 个属在如今的分类中仍属于圆线亚科，而后 4 个属已归入盅口亚科。后 4 个属中的盉口属已被废用，但是在该属的分类历史过程中出现多种观点，该属也是存在争议和分歧最多的一个属。

1922 年，Ihle 把盉口属划分为 7 个群[10]：蒙哥马利群 montgomeryi group，短口囊群 brevicapsulatum group，双冠群 bicoronatum group，辐射长形群 radiatum elongatum group，小杯群 calicatum group，四刺冠状群 tetracanthum coronatum group，槽形-碗形群 alveatum catinatum group。1924~1925 年，Cram 将 Ihle 的 7 个群提到了属的地位，即盉口属，又被划分为 7 个属[11]。

1943 年 Erschow[12]建议将盉口属划分为 5 个属，即毛线属 Trichonema，杯环属 Cylicocyclus，双冠属 Cylicodontophorus，彼得洛夫属 Petrovinema，舒毛属 Schulzitrichonema。

1951 年 McIntosh[13]提出：按照国际动物命名法规，盅口属 Cyathostomum Molin,

1861 不应被看作是另一个盅口属 Cyathostoma Blanchard，1849 的重名，故应恢复使用，这一观点得到许多研究者的赞同。随后，McIntosh 将广义的盅口属分割为 7 个属：盅口属（狭义）Cyathostomum，钝尾属 Cylicocercus，杯环属 Cylicocyclus，双冠属 Cylicodontophorus，杯冠属 Cylicostephanus，杯齿属 Cylicotetrapedon，短杯属 Cylicobrachytus。

1964 年，孙繁瑶[14]提出了自己的不同观点，将广义的盅口属划分为 7 个属：斯克里亚平齿属 Skrjabinodentus，杯环属 Cylicocyclus，双冠属 Cylicodontophorus，盅口属 Cyathostomum，杯齿属 Cylicotetrapedon，彼得洛夫属 Petrovinema，毛线属 Trichonema。

在此基础上，Lichtenfels[15]提出了另一个分类系统，将广义的盅口属分割为 4 个属，即盅口属 Cyathostomum，双冠属 Cylicodontophorus，杯环属 Cylicocyclus，杯冠属 Cylicostephanus。

德国学者 Hartwich[16]对盅口族 Cyathostominea 代表属的头部特征进行了比较研究。主要对圆线虫的口领、头乳突、内叶冠、外叶冠、角质支环和食道漏斗齿的结构进行了仔细比较，随后 Hartwich 对该族线虫又做了重新修订。

在 Lichtenfels 等[3]提出的分类系统中，将整个盅口族划分为 13 个属。

张路平和孔繁瑶[5]依据以上学者的分类观点，将盅口族划分为 21 个属。

2008 年，Lichtenfels 等[2]综合了所有学者的观点，认真研究了马圆线虫分类学研究的历史和争论的焦点，最后提出了一个较为全面的分类系统，如下：

圆线目 Strongylida Diesing，1851
 圆线亚目 Strongylina Nicall，1927
 圆线科 Strongylidae Baird，1853
 圆线亚科 Strongylinae Railliet，1885
  圆形属 Strongylus Mueller，1780
  食道齿属 Oesophagodontus Railliet et Heney，1902
  三齿属 Triodontophorus（Looss，1900）Looss，1902
  双齿口属 Bidentostomum Tshoijo，1957
  盆口属 Craterostomum Boulenger，1920
 盅口亚科 Subfamily Cyathostominae
  盅口属 Cyathostomum Molin，1861 Hartwich，1986
  冠环属 Coronocyclus Hartwich，1986
  双冠属 Cylicodontophorus Ihle，1922
  杯环属 Cylicocyclus Ihle，1922
  杯冠属 Cylicostephanus Ihle，1922
  斯齿属 Skrjabinodentus Tshoijo，1957
  三齿漏斗属 Tridentoinfudibulum Tshoijo，1957
  彼得洛夫线属 Petrovinema Ershow，1943
  杯口属 Poteriostomum Quiel，1919
  副杯口属 Parapoteriostomum Hartwich，1986
  熊氏属 Hsiungia K'ung et Yang，1964

柱咽属 *Cylindropharynx* Leiper，1911

马线虫属 *Caballonema* Abuladze，1937

辐首属 *Cyalocephalus* Looss，1900

二、生活史

目前只有部分圆线虫种类的生活史得到了阐明。一般成虫将卵产在粪便里，随粪便排出体外，在温度（12~39 ℃）和湿度适宜的条件下，虫卵孵化为第一期幼虫。第一期幼虫以细菌为食，一段时间后发育到第二期，与第二期幼虫相比，第一期幼虫对干燥的外界环境更敏感[17]。第二期幼虫蜕皮后形成具有感染性的第三期幼虫，第三期幼虫被有鞘膜（第二期幼虫的角皮），具有保护作用，所以对低温和干燥的外界环境抵抗力较强。在干燥的环境里，第三期幼虫不能顺利地离开粪便爬上牧草[18,19]。在澳大利亚昆士兰南部的一个牧场里，English[20]曾对第三期幼虫的迁移行为进行了研究，结果发现，大多数幼虫爬离地面的高度低于 10 cm，水平移动的距离小于 15 cm，在雨后潮湿的环境里，第三期幼虫更容易爬到周围的牧草上[21]。第三期幼虫被寄主摄入体内后进入小肠，在肠道内生理-生化条件的刺激下，蜕去外层的鞘膜开始了寄生阶段的发育过程[22]。马圆形线虫 *Strongylus equinus*、无齿圆形线虫 *Strongylus edentatus* 和普通圆形线虫 *Strongylus vulgaris* 的幼虫从鞘膜顶端破壳而出，而盅口线虫和三齿线虫属的幼虫通过食道处鞘膜上的纵裂缝爬出来[23]。实验证明，在人工配制的肠液里（包括胰蛋白酶、胰酶制剂、碳酸氢钠和连二亚硫酸盐），当温度达到 38 ℃时，3 h 内所有的第三期幼虫全部脱鞘[24]。马圆形线虫、无齿圆形线虫和普通圆形线虫的第三期幼虫脱鞘后，在体内经历一个移行期，而三齿线虫属、盆口属、食道齿属和盅口线虫的幼虫在体内不需要移行，它们钻入盲肠和结肠壁的黏膜内形成包囊，经历一段滞育期[25]。

根据线虫单种特异性感染实验的结果，四种大型圆线虫（马圆形线虫、无齿圆形线虫、普通圆形线虫和驴圆形线虫 *Strongylus asini*）在体内移行的路线已经被研究清楚[26-27]。实验过程中，先将雌虫排出的卵培育到第三期幼虫，然后用第三期幼虫感染马，马被感染后，幼虫在寄主体内不同时间的分布位置被监测出来，据此来推测移行路线。Kikuchi[28]第一次提出普通圆形线虫幼虫在血液里逆行到达选择的寄生部位，这个观点被 Enigk 的实验所证实，这就是著名的"Kikuchi-Enigk model"[29]。Drudge 等[30]和 Duncan[31]通过进一步的实验提出了普通圆形线虫移行的详细路线：第三期幼虫在小肠内脱鞘后 1~3 d 钻入小肠、盲肠和结肠的黏膜和黏膜下层，大约 7 d 后蜕皮发育为第四期幼虫。第四期幼虫进入黏膜下层的动脉血管里，在血液里逆行到达前肠系膜动脉，幼虫在前肠系膜动脉里生长发育 21 d 后个体增大。到第 120 d 时，大多数第四期幼虫已经蜕皮发育为第五期幼虫或者发育为成虫，但还保留着第四期幼虫的角皮。当第五期幼虫顺着肠动脉血流移行时脱去外鞘，到达浆膜表面形成豌豆大小的结节，最后结节裂解，未成熟的成虫进入大肠里[23]。普通圆形线虫的潜伏期（从第三期幼虫被摄入到将卵排入粪便）是 5~7 个月[31]。

McCraw 和 Slocombe[32]的实验结果表明，无齿圆形线虫第三期幼虫脱鞘后进入盲肠和结肠，然后通过门静脉到达肝脏，在肝脏里发育 7 d，又经过 11～18 d 的后期感染蜕变为第四期幼虫。第四期幼虫在肝脏内停留 7～9 周，生长速度很快。在它们移行回肠腔的途中，幼虫通过肝肾韧带到达亚腹膜组织造成出血性损伤。有时幼虫会偏离移行路线进入肾脏、胸腔或睾丸。感染 3 个月后，第四期幼虫蜕皮形成第五期幼虫，然后通过肠系膜移行到肠壁，在肠壁内形成大的结节。这些结节破裂后，未成熟的成虫进入肠道内。无齿圆形线虫的潜伏期大约是 11 个月。马圆形线虫的第三期幼虫脱鞘后在盲肠壁和结肠壁内蜕变为第四期幼虫，然后移行到肠的浆膜下层组织内形成出血性结节[27]。经过 10～11 d 后，通过腹膜腔移行到肝脏。在移行途中，它们经常偏离路线进入两肋、肾囊脂肪、隔膜和网膜。第四期幼虫在肝脏内停留 6～7 周后蜕变为第五期幼虫，然后经历大约 4 个月的后期感染。第五期幼虫在肝脏内逐渐长大，最后通过胰腺重新回到肠壁内。马圆形线虫的潜伏期是 8.5～9.5 个月[27]。驴圆形线虫在斑马体内最常见，有时会感染猴子。通过感染实验，根据寄主体内幼虫和结节的位置，Malan 等[26]提出驴圆形线虫的移行路线是：脱鞘后的第三期幼虫进入肠壁，然后通过门静脉移行到肝脏，一段时间后，通过门静脉又移行回到盲肠和结肠。

据报道，大型圆线虫其他种属的幼虫在盲肠和结肠壁内的移行非常有限[33]。而且，关于三齿线虫属、盆口属、食道齿属线虫生活史的研究也较少，因此，大部分种类的潜伏期还不确定。根据三齿线虫属第三期幼虫的感染实验可知，该属的潜伏期是 63～99 d[34]。

目前，关于盅口线虫的生活史还没有详细的报道。但是，已经明确脱鞘后的第三期幼虫钻入盲肠和结肠壁，在黏膜和黏膜下层形成结节。大部分幼虫在进入肠道前进行一次蜕皮形成第四期幼虫，但有的需要经历第二次蜕皮发育到第五期。据估计，幼虫在黏膜和黏膜下层的发育时间最短为 1～2 个月[25]。如果把所有的盅口线虫作为一个类群，那么根据感染实验的结果，估计它们的潜伏期是 43～57 d[34]或 38～83 d[35]。但是，有些幼虫能在黏膜层的包囊内潜伏数年[36]，第四期幼虫发育被阻止或延长的原因尚不清楚[37～39]，可能与幼虫生活的环境、线虫群体的大小、宿主免疫力及线虫种类有关系[35]。

通过设计单种感染实验，每一种盅口线虫的生活史应该可以查明，但是，这种实验相对来说很难成功。因为自然感染的马肠道内，盅口线虫都是多种混合感染，而且每一种线虫的第三期幼虫很难大量获得。所以，盅口线虫的生活史大部分是根据观察自然感染的马匹推测出来的。例如，根据雌性成虫的年龄结构，Ogbourne[40]认为鼻状杯环线虫 *Cylicocyclus nassatus* 的生活史较短，因为在夏季和秋季，未成熟和怀卵的成虫数量很多，而在冬季和早春，大部分成虫子宫内卵的数量减少。对于长伞杯冠线虫 *Cylicostephanus longiburs*、碗形盅口线虫 *Cyathostomum catinatum* 和高氏杯冠线虫 *Cylicostephanus goldi* 三个种类来说，在早春的时候，未成熟的成虫数量很多，而这时牧场上第三期幼虫的数量较少，这表明，三种线虫的成虫可能是由上一年夏季处于滞育期的第四期幼虫发育而来的[40]。

许多马圆线虫的生物学特性和生活史还不太清楚，主要是因为根据形态学特征较难鉴别出卵和不同发育阶段的幼虫[33,41]。正因如此,也无法知道每一种线虫孵化的适宜温度和存活率[17]。所以,对马圆线虫的生物学特性和生活史还需要进一步研究。

三、寄生部位

圆线虫成虫主要寄生在马属动物的盲肠和结肠内,大多数种类在一定程度上表现出对寄生部位的选择性。Ogbourne[42]对英国马大肠内小型圆线虫的分布情况进行了调查,结果发现:背结肠内寄生种类较丰富的是长伞杯冠线虫、高氏杯冠线虫、微小杯冠线虫 *Cylicostephanus minutus*、显形杯环线虫 *Cylicocyclus insigne*、鼻状杯环线虫和碗形盅口线虫;腹结肠内较丰富的种类是鼻状杯环线虫、细口杯环线虫 *Cylicocyclus leptostomus*、微小杯冠线虫、小杯杯冠线虫 *Cylicostephanus calicatus*、碗形盅口线虫和蝶状盅口线虫 *Cyathostomum pateratum*;盲肠内寄生数量较多的种类是冠状冠环线虫 *Coronocyclus coronatus*、碗形盅口线虫、小杯杯冠线虫和鼻状杯环线虫。Bucknell 等[43]在澳大利亚的维多利亚州做了相似的研究,也证明了大多数圆线虫对寄生部位具有选择性。他发现圆线虫优先选择的寄生部位是腹结肠和盲肠,大圆线虫中的无齿圆形线虫和尖尾盆口线虫 *Craterostomum acuticaudatum* 主要寄生在腹结肠,普通圆形线虫和锯齿状三齿线虫 *Triodontophorus serratus* 主要寄生在盲肠。发现的 13 种小圆线虫中,碗形盅口线虫、蝶状盅口线虫、大唇片冠环线虫 *Coronocyclus labiatus*、长伞杯冠线虫、高氏杯冠线虫、微小杯冠线虫、鼻状杯环线虫、细口杯环线虫、显形杯环线虫和短口囊杯环线虫 *Cylicocyclus brevicapsulatus* 主要寄生在腹结肠;冠状冠环线虫、小唇片冠环线虫 *Coronocyclus labratus* 和小杯杯冠线虫主要寄生在盲肠。在两者的研究中,虽然有些种类的寄生部位不尽相同,但是圆线虫对寄生部位具有选择性这一观点是一致的。

Krecek 等[44]和 Gawor[45]分别对马大肠内小型圆线虫的分布进行了调查,结果非常相似。调查发现:鼻状杯环线虫、细口杯环线虫、三支杯环线虫 *Cylicocyclus triramosus*、碗形盅口线虫、蝶状盅口线虫、小杯杯冠线虫、微小杯冠线虫、大唇片冠环线虫、小唇片冠环线虫、偏位杯冠线虫 *Cylicostephanus asymetricus*、头似辐首线虫 *Gyalocephalus capitatus*、双冠双冠线虫 *Cylicodontophorus bicoronatus*、不等齿杯口线虫 *Poteriostomum imparidentatum*、真臂副杯口线虫 *Parapoteriostomum euproctus* 主要寄生部位是腹结肠;高氏杯冠线虫、长伞杯冠线虫、显形杯环线虫、间生杯冠线虫 *Cylicostephanus hybridus*、麦氏副杯口线虫 *Parapoteriostomum mettami*、拉氏杯口线虫 *Poteriostomum ratzii* 的寄生部位是背结肠;冠状冠环线虫、长形杯环线虫 *Cylicocyclus elongatus*、杯状彼得洛夫线虫 *Petrovinema poculatum* 主要寄生在盲肠。Collobert-Langier 等[46]对法国诺曼底 42 匹马大肠内小型圆线虫的分布进行调查发现,64%的成虫寄生在腹结肠,27%在背结肠,仅 9%在盲肠。他们发现的 20 种线虫在大肠内的分布情况与 Krecek 等[44]和 Gawor[45]的调查结果大同小异,不同的是 Collobert-Langier 等发现长形杯环线虫主要寄生在腹结肠,细口杯环线虫在背结肠,小唇片冠环线虫和双冠双冠线虫对背结肠和腹结肠具有相同的选择性。

Matthee 等[47]对南非 7 头驴的寄生蠕虫进行调查，结果发现：大型圆线虫中的普通圆形线虫主要寄生在盲肠，普通斑马三齿线虫 *Triodontophorus burchelli* 主要寄生在背结肠，山斑马三齿线虫 *Triodontophorus hartmannae* 和锯齿状三齿线虫主要寄生在腹结肠；在小型圆线虫中，蒙氏蛊口线虫 *Cyathostomum montgomeryi*、微小杯冠线虫和耳状杯环线虫 *Cylicocyclus auriculatus* 主要分布在腹结肠，四刺蛊口线虫、槽形蛊口线虫 *Cyathostomum alveatum* 和小杯杯冠线虫主要分布在腹结肠和盲肠，显形杯环线虫、长形杯环线虫和冠状冠环线虫在背结肠和盲肠内更流行。

每种圆线虫对寄生部位具有选择性的原因尚不清楚[43]。有些学者认为可能与线虫的食性有关，或者与寄生虫群落的季节变化有关[40,48,49]，也可能与研究者的检查方法不同有关[42,43]。

四、致病机制

线虫具有消化道，用口取食，以宿主的消化物、肠组织、体液或血液作为食物。宿主被一种或多种线虫大量寄生时，会引发一系列疾病。关于线虫引发疾病的原因也是国内外寄生虫研究者关注的问题。

通过大型圆线虫的单种特异性感染实验，现在已经弄清楚了四种大型圆线虫的致病机制[26,27,50]。但是蛊口线虫单个种的致病机制至今还没有一个详细的解释，原因可能有两种：一是自然感染的宿主肠道内，蛊口线虫是多种混合感染的，很难判断每一个种对寄主的影响程度[42,51,52]；二是大多数研究者喜欢把蛊口线虫作为一个类群进行研究[53~55]。一般来说，不管是大型圆线虫还是小型圆线虫，幼虫的危害性要比成虫大[56,57]。

大型圆线虫的成虫将口囊附着在宿主的肠黏膜上，吞食裂解的组织和消化细胞，致使血管破裂而吸血，常会引起正常红细胞性贫血症状[58]。从蛊口线虫第三期幼虫感染马的实验中，也清楚了小型圆线虫成虫的致病机制[59]。大型圆线虫和个体较大的小型圆线虫（如显形杯环线虫、长形杯环线虫、杯口属线虫等），能够损伤到肠壁的深层组织[25]。

无齿圆形线虫和马圆形线虫的幼虫在马体内移行时，往往造成肝脏、胰脏以及腹膜腔机械性损伤或引发炎症。当幼虫大量寄生时，被感染的马表现出发热、厌食、腹痛等症状[27,60]。普通圆形线虫是大圆线虫中危害性最大的一个种，它的第四期幼虫移行通过动脉血管时，造成血管内膜增厚，血液中充满炎症细胞，血流不畅，形成"血栓"，血栓会阻塞血管，使动脉硬化，导致马间歇性跛足，引起发热、厌食、严重腹痛甚至死亡[23,60,61]。蛊口线虫的幼虫往往寄生在肠黏膜形成包囊，当幼虫从肠壁钻出时，会引起"幼虫性蛊口线虫病"，这种疾病的症状表现为水肿、腹泻、发热、消瘦、腹痛等，大约50%的发病者最终死亡[2,62,63]，这种病多在使用驱虫药时引发，冬季和早春的发病率比其他季节高[37,38]。由于根据形态学特征将肠黏膜内钻出的第四期幼虫鉴定到种比较困难[63,64]，所以至今还不清楚哪一种蛊口线虫的幼虫最容易引发该疾病。

五、流行病学

大量的研究显示，世界上许多国家圆线虫的感染是非常普遍的，例如：德国[65,66]、波兰[45,67,68]、澳大利亚[43,69]、南非[44]、美国[52,62]、法国[46]、巴西[49,70~71]和中国[72]等。在自然感染的马体内，圆线虫的数量多达几千条甚至上万条，大多数被感染的马都是多种圆线虫混合感染。例如，Bucknell 等[43]在一匹马大肠内发现 17 种圆线虫。虽然目前已经报道了 70 多种圆线虫，但是流行率和丰度较高的种类一般是普通圆形线虫、碗形盅口线虫、长伞杯冠线虫、高氏杯冠线虫和鼻状杯环线虫，它们的数量几乎占圆线虫总数量的 80%[66,72]。

使用驱虫药物（如苯丙咪唑类和大环内酯类）虽然能够驱除无齿圆形线虫、马圆形线虫和普通圆形线虫，降低它们的流行率，但是盅口线虫的流行率反而增加[73,74]。例如，在使用苯丙咪唑和大环内酯药物以前，世界各地报道普通圆形线虫的感染率在 80% 以上[44,72]，使用驱虫药物后，普通圆形线虫的感染率降到了 23%，主要是普通圆形线虫的致病机制和流行病学特征已经被研究得非常清楚[43]。通过对死亡马匹前肠系膜动脉及主要分支内普通圆形线虫的大小和年龄结构进行调查，Ogbourne[40]认为普通圆形线虫是全年寄生种类，在冬季和早春发育成熟并移行到肠道内。不过，对于无齿圆形线虫和马圆形线虫的流行病学研究较少，有些学者认为可能与普通圆形线虫相似。

目前，关于三齿线虫属、盆口属、食道齿属和盅口线虫种类的流行病学研究也非常少，研究者都是把它们看作是一个大的类群来对待的。由于自然感染的马肠道内通常是多种线虫混合感染，所以仅仅设立一个单种感染实验来研究线虫的流行病学仍然是不可信的。在美国气候较温和的地区，盅口线虫群体的感染强度波动较大。春季，粪便里虫卵数量较多，牧场污染非常严重，第三期幼虫在这个温暖季节开始发育并存活下来；夏季，牧场上第三期幼虫的数量达到最高峰，大多数幼虫被寄主摄入体内，摄入体内的幼虫寄生在肠黏膜内处于滞育期，一直到晚冬或早春才开始发育。相反，在美国的亚热带地区，春季，粪便里并没有发现大量的虫卵，牧场上第三期幼虫数量最多的季节是秋季和春季[75]。

在澳大利亚昆士兰北部的热带地区，气候非常干燥，第三期幼虫不能顺利离开粪便移行到牧草上。尽管在粪便里全年都可以观察到早期发育的虫卵，但是幼虫数量最多的时间是在又冷又干燥的季节。虽然只有少量的第三期幼虫能在牧场上存活几年，不过，这也表明从上一年存活到下一年的幼虫往往不是非常流行的重要种类[18,76]。

在北半球的温带地区，幼虫开始发育以及第四期盅口幼虫从肠壁钻出都是发生在冬末或春季，这样可以避开不利于幼虫发育的环境条件[75]。然而，在美国的路易斯安那州南部的亚热带地区，根据肠道内发现的成虫和第四期幼虫数量推断，盅口线虫在夏季、秋季和冬季比较流行[77]。英国的一个研究报道，小马驹在冬季最容易患幼虫性盅口线虫病[35,78]。

在对圆线虫数量变动趋势的研究中，有些学者已经开始根据季节变化、寄主的年龄和性别以及寄主的线虫病治疗史等因素,来研究圆线虫的流行病学特征[49,79]。不过,由于依据形态学特征鉴定幼虫种类仍较为困难,所以关于圆线虫不同发育阶段幼虫种群动态的研究报道非常少。

六、疾病防治

控制圆线虫的传统方法是使用驱虫药定期驱虫,一般每隔6~8周治疗一次。但长期频繁使用某一种驱虫药会带来一些影响,例如,线虫群体的种类结构发生了改变;盅口线虫产生了抗药性;幼虫性盅口线虫病的发病率升高[74,80]。因此,为了避免出现这些问题,学者们建议采取其他一些控制方法,如可以采用一种具有策略性、综合性的防治措施[81~82]。

通常,驱虫药可以将大肠内的成虫驱除体外,这样可以防止牧场被虫卵和第三期幼虫过度污染[61,83]。目前用于防治圆线虫病的药物可以分为三类:苯丙咪唑类(如噻苯咪唑、丙噻咪唑、苯硫咪唑、丙硫咪唑);噻嘧啶类;大环内酯类(如伊维菌素和莫西菌素)。在20世纪90年代时,成年马每隔8周使用伊维菌素进行一次驱虫,而其他的驱虫药物是每隔4~6周使用一次[61,84~85]。由于广泛和过量地使用驱虫药物,而没有考虑到线虫的流行病学特征,许多国家都已发现盅口线虫对噻嘧啶和苯丙咪唑类药物有不同程度的抗药性[74,82,86]。在美国,人们也经常使用噻嘧啶类药物治疗线虫病,这种药物能够抑制摄入体内的幼虫继续发育,可以降低牧场的污染程度,但是盅口线虫的抗药性却增强了[87]。人们之所以认为线虫会产生抗药性,原因可能是苯丙咪唑和噻嘧啶类药物对肠壁包囊内的幼虫是无效的[83],不过这种说法还需要进一步证实。

伊维菌素对寄生在肠腔内的圆线虫幼虫和盅口线虫成虫也非常有效,但相对来说,对包囊内的第四期幼虫效果不显著[85,88]。而莫西菌素治疗包囊内盅口幼虫的效果较好,例如,荷兰的一个研究证明,在使用莫西菌素后,包囊内第四期幼虫的数量减少了89.6%[89~91]。与伊维菌素相比,莫西菌素能够长期、有效地抑制圆线虫的排卵量[92]。实验表明,具有亲脂性的莫西菌素被寄主排泄和排出的量较少,该药物成分在寄主组织内的浓度较高、药效时间较长。目前,尚未见到盅口线虫对大环内酯类药物产生抗药性的报道。不过,曾有研究证明绵羊的毛圆线虫,如捻转血矛线虫 *Haemonchus contortus* 和 *Teladorsagia circumcincta* 对大环内酯类药物产生了抗药性[93]。丹麦的一个报道也指出,将来盅口线虫可能会对这类药物产生抗性[94]。由于产生抗药性的线虫会对药物治疗产生抑制作用,所以建议采用其他一些防治方法,尽量降低驱虫药的使用频率,控制盅口线虫抗药性的发展[82,95]。

通过定期检查粪便里虫卵的数量,马肠道内的寄生圆线虫也可以得到有效控制。当发现虫卵数量较高时,马上采用高效的驱虫药进行治疗,可以降低虫卵和第三期幼虫对牧场的污染[80]。在一个牧场里,如果发现每克粪便虫卵的平均数超过100枚、300枚,或者25%的马粪里超过200枚卵,这时牧场里所有的马都要进行驱虫。一般幼马粪便里虫卵数量较多,而且治疗后不久又会复发,所以要经常治疗。采用这种方法可以减少驱虫药的使用次数，延迟盅口线虫抗药性的形成[80,84,95]。

为了避免圆线虫产生抗药性，可以采用一种综合性的防治措施。不仅要合理使用驱虫药物，还要考虑到线虫的流行病学特征和牧场严格的管理制度（尤其是牧场卫生）[82,94,96]。驱虫药物使用周期的长短与牧场的管理制度是否合理有密切的关系，如牧场卫生、食料槽的使用、轮流放牧、动物年龄组的划分、抗药性检测等。最近研究发现，利用食线虫真菌控制线虫的生物防治方法，也能有效地降低牧场里第三期幼虫的数量，这种方法具有广阔的应用前景[97~99]。

有些国家曾经尝试使用疫苗来控制马圆线虫，注射疫苗后，能够明显削弱或降低普通圆形线虫第三期幼虫的感染[100~101]。起初，用疫苗抑制普通圆形线虫幼虫感染的测试效果非常好，但是后来在自然牧场里进行实验后发现，寄主的动脉损伤及其他临床症状未见明显减轻[23]。这表明，对普通圆形线虫幼虫已经产生保护性免疫反应的马，如果在牧场里又感染了其他种类的寄生虫，那么这种保护性免疫反应就几乎丧失了。如果感染幼虫的小马驹，在 8~10 周大的时候注射高剂量的疫苗，就能够避免出现线虫引起的动脉炎症。一般注射疫苗后，马能够持续至少 9 个月不被第三期幼虫感染[100~101]。尽管通过注射疫苗来控制圆线虫有一定的效果，但是如何保持效果的持续性和稳定性还需要进一步研究。

七、分子诊断学与系统发育学

1. 分子诊断学

依据形态学特征鉴定圆线虫种类是传统的鉴别方法，但是对一些相似种或隐含种却较为困难，尤其是将卵和不同发育阶段的幼虫鉴定到种有一定的局限性[6,64,102~103]。近年来，随着分子生物学的发展，DNA 分子标记技术已逐渐运用于圆线虫的种类鉴定和马属动物的疾病诊断。

Campbell 等[104]首次利用核糖体 DNA（rDNA）对马肠道内寄生线虫进行研究。采自澳大利亚和美国马体内的马圆形线虫、无齿圆形线虫和普通圆形线虫的成虫标本，通过提取它们的基因组 DNA，利用聚合酶链式反应（PCR）技术对 rDNA 的第二内转录间隔区（Internal transcribed spacer 2，简称 ITS2）进行扩增、测序，所测 ITS2 序列长度的变化范围是 217~235 bp。序列比对分析显示，三种线虫的种内变异性很小（0~0.9%），而种间变异性较大（13%~29%）。Gasser 等[105]运用 PCR 连接的限制性片段长度多态性（PCR-RFLP）方法对 ITS2 片段进行分析，根据 ITS2 片段的种间差异也可以很明确地鉴别出单条成虫或单个卵的种类。Hung 等[106]对斑马体内驴圆形线虫的 ITS2 片段进行了测序，并且与 Campbell 等[104]报道的三种线虫的序列进行了比对，结果发现，驴圆形线虫与无齿圆形线虫（87.1%）和马圆形线虫（95.3%）的同源性大于形态相似的普通圆形线虫（73.9%），这表明驴圆形线虫和普通圆形线虫分别代表不同的种，运用 PCR-RFLP 分析方法也证实了这个结论。由此得知，以核糖体内转录间隔区作为遗传标记对单种圆线虫的卵进行种类鉴定已成为可能。Gasser 等[105]利用第一内转录间隔区（Internal transcribed spacer 1，简称ITS1）、5.8SrDNA和ITS2基因作为遗传标记，采用PCR-RFLP方法成功鉴别了11种盅口线虫，在它们的特征模式图中，只有碗形盅口线虫的RFLP图谱中没有检测到种内变异。在此基础上，Gasser和Monti[107]运用单链构象多态性（SSCP）方法检测出了线虫种内和种间序列的变异性。以上研究证明，核糖体内转录间隔区序列是鉴定圆线虫种类的理想标记，为今后的进一步研究奠定了基础。

Hung等[102,108~109]对30种马圆线虫的rDNA-ITS序列进行了分析，目的是评价ITS1和ITS2序列在种内和种间的变异程度。结果表明，ITS1和ITS2序列的种内变异性较低（0~0.39%）。同种线虫个体之间的序列多态性较低，说明rDNA基因簇内存在重复多个拷贝，这与协同进化理论非常相似[110]。协同进化理论认为：对于一个物种来说，高度重复的rDNA序列通常有强烈的保持同源性的倾向。相比之下，30种圆线虫rDNA序列的种间差异相对较大，其中ITS1序列的变异性为0.6%~23.6%，而ITS2序列的变异性为1.3%~56.3%。更重要的是，每个种的rDNA中都具有特定的ITS1和ITS2序列。

种特定的ITS1和ITS2序列为马圆线虫的特异性PCR分析奠定了基础[109]。由于种间变异的核苷酸数目有限，所以需要根据每个核苷酸的变异来设计特异性PCR引物。设计错配引物能够增加PCR扩增的特异性，可以成功地扩增出ITS1和ITS2序列，对于鉴别亲缘关系较近的物种非常有利。特异性扩增rDNA技术也为研究盅口线虫（如碗形盅口线虫、鼻状杯环线虫、长伞杯冠线虫和高氏杯冠线虫等）的生物学、发病机制和流行病学等方面提供了重要的工具。利用特异性PCR技术还可以扩增出粪便中卵或幼虫的DNA序列，能够有效地诊断出感染的特定种类[111~112]，这种方法比传统的粪便培养检测法具有更高的精确性。

Kaye等[113]在18S和26SrDNA两侧的保守区域设计出一对引物，对16种盅口线虫的rDNA基因间隔区（IGS）进行了扩增，扩增产物大小为1.5~2.5 Kb。通过对其中的5个种进行序列测定和比对分析，结果显示，五种线虫（包括26S和18SrRNA基因）的相似性在99%以上，在IGS区的3′端都有一个大约380 bp的高度保守区。随后，Kaye等又设计了一对扩增盅口线虫的特异性引物，能够扩增出IGS区域中较小的、变异较大的片段。使用这对引物对其余11种线虫进行了扩增和测序，序列分析显示，种间相似性在40%~97%。Kaye等[113]的报道为Hodgkinson等[114]的研究奠定了基础。为了鉴别阿氏杯环线虫和鼻状杯环线虫、长伞杯冠线虫和高氏杯冠线虫，他设计了IGS区域序列的特异性寡核苷酸探针，同时还设计了检测盅口线虫的DNA探针。16种盅口线虫PCR扩增产物的Southern印迹证明，这些探针具有种的特异性，能够把16种盅口线虫全部识别出来，但是却不能与马圆形线虫、无齿圆形线虫、普通圆形线虫的序列进行杂交。不过，这些探针可以用来检测单个的第三期幼虫、第四期幼虫和卵，对调查这些病原体的流行病学和发病机制有很大帮助。最近，基于聚合酶链式反应的酶联免疫吸附试验（PCR-ELISA）也被用于诊断幼虫性盅口线虫病[57]。

2. 系统发育学

Hung等[115]基于圆线虫rDNA的ITS1和ITS2序列资料构建了分子系统发育树，确立了30种圆线虫的系统发生关系，可以解决依据形态学特征建立的分类系统中存在争议的一些问题。依据分子数据支持这样一个假说：即口囊呈亚球形的大型圆线虫是口囊呈圆柱形的小型圆线虫的祖先，但并不支持把圆线虫分为圆线亚科和盅口亚科两类或者盅口簇内一些基于形态特征的分类（如一些属中种的界定）。这个结论得到 McDonnell 等[116]的认同，他们利用三种核苷酸序列资料：线粒体 DNA 细胞色素氧化酶Ⅰ亚基（COI）、线粒体核糖体大亚基（*rrn* L）和 ITS2，对圆线虫进行系统发育分析。由于 COI 基因存在明显的 A+T 偏好性，提供的有关系统发育的信息比 *rrn* L 和 ITS2 基因少，因此，将 *rrn* L 和 ITS2 基因联合起来构建了系统发育树。分析结果显示，盅口亚科内的几个种类总是聚为一支，然后与圆线亚科的戈氏三齿漏斗线虫 *Tridentoinfundibulum gobi* 形成一个单系群，而圆线亚科其他种类始终聚在这个单系群的姐妹支上。可见，根据系统发育分析无法将圆线科划分为两个亚科，也不支持盅口亚科内一些属或种的分类地位。虽然分子分类和形态分类不能完全吻合，但系统发育分析可以为圆线虫提供一个分类系统的理论框架，所以两者应该结合起来考虑[115~116]。

在进行系统发育分析时，为了使 ITS2 序列比对的同源性达到最大，Hung 等[117]构建了 30 种圆线虫核糖体 RNA 前体 ITS2 的二级结构模型。这个相对保守的二级结构是一个重大的发现，因为马的圆线虫 ITS2 序列在种间的差异高达 1%~56%，因此，二级结构模型使序列比对更精确。为了比较不同的序列比对方法对系统发育推理的影响，分别采用手动比对和结构比对进行分析，由两种比对方法得到的系统发育树的拓扑结构通常不同[117]。这个结论与之前的报道一致，使用 RNA 二级结构模型进行序列比对可以增加位置的同源性[118~119]。总的来说，使用四种不同的建树方法（非权重的算术平均法 UPGMA、邻接法 NJ、最大似然法 ML、最大简约法 MP）和三组不同的序列资料（ITS1、ITS2、ITS1 和 ITS2 的联合数据）对研究系统发育非常重要[115]。Hung 等[115]的研究结果证明，使用 ITS1 和 ITS2 的联合数据提供的系统发育信息比单独使用 ITS1 或 ITS2 要强，这增加了正确反映系统发育的可能性。该研究与 Givnish 和 Sytsma[120]得到的结论一致，他们认为随着使用计算机模拟得到的信息特征数量的增加，从而使产生正确的系统发育推论的可能性增加。因此，建议在分类鉴定时使用不同的目的 DNA 序列来建立系统发育关系。尽管单独使用 ITS1 或 ITS2，或者两者联合使用得到的发育树拓扑结构不一样，但是它们通常拥有许多分枝，可用来解释关于圆线虫进化过程中有争议的问题。Hung 等[115]研究发现，在每种系统树上，四种大型圆线虫（马圆形线虫、无齿圆形线虫、普通圆形线虫和驴圆形线虫）总是聚在树的最外枝，因此认为它们是其他小型圆线虫种类的祖先。这个结果也支持了 Lichtenfels[121]和 Beveridge[122]的假说，即小型圆线虫是由大型圆线虫进化而来的。

据报道，圆线目中自由生活线虫是寄生生活线虫的祖先，因为它们的口和食道的形态特征很相似[123]。关于寄生线虫的进化起源有两个对立的假设。第一个假设认为寄生线虫的起源是从自由生活的幼虫具有穿透寄主皮肤的能力开始的，因为自由生活的幼虫一般以微生物为食，它们的幼虫穿透皮肤后，在到达肠道的微生物区之前需要经过体内移行[124~125]。后来，皮肤感染的模式逐渐被经口感染代替，不过还保留着体内移行的生活史。最终，需要经历体内移行的线虫逐渐向减少或不在肠道里移行的种类进化。第二种假设认为寄生线虫起源于食草动物偶然摄入牧草上的自由生活线虫，在这种情况下，寄生在肠道不需要经历移行的寄生虫代表着祖先的地位[125]。基于 ITS1 和 ITS2 序列的系统发育分析支持了第一个假设，认为经历体内移行的种类是没有或移行有限的种类的祖先[115]。使用 COI 序列进行的系统发育分析也支持了第一个假设，认为 *Nippostrongylus brasiliensis* 线虫（经皮肤感染经历移行）是马圆形线虫、无齿圆形线虫、普通圆形线虫（经口感染经历移行）与 *H. contortus*、*T. circumcincta*、*Trichostrongylus axei*（经口感染不经历移行）的祖先[126]。这个问题还需要对整个圆线目种类进行系统发育分析才能得到解决。

虽然，Hung 等[115]和 McDonnell 等[116]在分子方面的研究为验证圆线虫的进化关系提供了新的证据，但是他们提供的分子资料却并不支持当前根据形态特征建立的分类系统。因为具有大口囊的尖尾盆口线虫、锯齿状三齿线虫和粗壮食道齿线虫 *Oesophagodontus robutus* 总是与盅口亚科的种类聚在一起。而且这三种线虫与马圆形线虫、无齿圆形线虫、普通圆形线虫排卵器的形状、蜕皮行为和移行路线也不同，由此进一步证明它们不属于一个自然类群，这一点与 Lichtenfels[121]，Durette-Desset 等[123]和 Lichtenfels 等[3]的观点一致。尽管根据分子数据进行的系统发育分析与当前 Lichtenfels 等[2~3]提出的分类系统不完全一致，但是他们都支持把副杯口属和彼得洛夫属看作是有效属。Lichtenfels[121]认为分类不可能完全反映圆线虫的进化关系，根据形态特征建立的系统发育分析也正在研究中，一旦这个研究成功的话，对于比较由 ITS1 和 ITS2 序列数据与形态学数据得到的进化关系是非常有用的。

第二章　河南省马圆线虫种类记述

一、概　述

圆线虫是马属动物（马、驴、骡）体内寄生线虫的一个重要群体，关于圆线虫的种类调查和形态描述在国内外的报道较多。在国外，Oliveira 等[127]在巴西 18 头驴的大肠内发现 23 种圆线虫。Matthee 等[47]通过对南非 7 头驴的寄生线虫情况进行调查，共发现 20 种圆线虫，其中包括一个未知种，后来经鉴定为一新种，定名为 *Cylicocyclus asini*，并对其进行了详细的描述[128]。Anjos 和 Rodrigues[70~71]调查了巴西 30 多匹马的圆线虫感染情况，发现背结肠和腹结肠内圆线虫的感染种类为 21~23 种。Lichtenfel 等[2]详细描述了世界上圆线虫已知种类的形态结构特征。在我国，孔繁瑶等[129]、孔繁瑶和杨年合[130~131]对北京地区马和驴的圆线虫进行了调查，共发现圆线虫 23 种，其中包括几个新种，并对每种线虫进行了描述。周婉丽[132]在四川马、驴、骡体内发现 30 种圆线虫。张宝祥和李贵[133]在陕西省马和驴的肠道内发现一个新种，命名为志丹杯环线虫 *Cylicocyclus zhidanensis*，并做了详细的描述，Lichtenfel 等[2]认为该种应为阿氏杯环线虫的同物异名。张路平和孔繁瑶[4]对 73 种马圆线虫进行了详细的形态描述。

河南省位于我国中东部，黄河中下游，因大部分地区在黄河以南，故称河南，又有"中州""中原"之称，与冀、晋、陕、鄂、皖、鲁 6 省毗邻。近些年来，河南省的畜牧业养殖发展非常迅速，尽管马、驴、骡不是主要的经济养殖动物，但是由于它们身体强壮，抵抗力强，能够吃苦耐劳，在许多山区仍然发挥着使役功能。而且因为驴肉细腻味美、营养价值高，是宴席上的佳肴，因此驴的饲养前景相对较好。圆线虫寄生在马属动物的大肠内，以宿主的消化物、肠组织或血液为食，往往造成动物消瘦、贫血，甚至死亡，给畜牧业造成较大损失[23,60~61]。1984 年，甘永祥等[134]记录河南省马圆线虫有 34 种（其中曾氏杯冠线虫 *C. tsengi* 为小杯杯冠线虫的同物异名），不过，他们仅仅给出一个圆线虫的名录，并没有对形态特征进行描述。在 2006~2013 年期间，卜艳珍及其研究团队对河南省漯河、焦作、新乡、安阳、商丘、开封、信阳等地区几个屠宰场 36 头驴和 8 匹马的寄生圆线虫种类进行了调查，共鉴定出 35 种，隶属于 2 亚科 13 属，其中 7 种为河南省新纪录（表 2-1）。

表 2-1 河南省马圆线虫种类

亚科	属	种	寄主
圆线亚科 Strongylinae	圆形属 Strongylus	马圆形线虫 S. equinus	马
		无齿圆形线虫 S. edentatus	驴
		普通圆形线虫 S. vulgaris	驴
	三齿属 Triodontophorus	锯齿状三齿线虫 T. serratus	马、驴
		短尾三齿线虫 T. brevicauda	马
		日本三齿线虫 T. nipponicus	马、驴
	双齿口属 Bidentostomum	伊氏双齿口线虫 B. ivaschkini *	马
盅口亚科 Cyathostominae	盅口属 Cyathostomum	四刺盅口线虫 C. tetracanthum	马、驴
		碗形盅口线虫 C. catinatum	驴
		蝶状盅口线虫 C. pateratum	马、驴
	冠环属 Coronocyclus	冠状冠环线虫 C. coronatus	驴
		大唇片冠环线虫 C. labiatus	马、驴
		小唇片冠环线虫 C. labratus	马、驴
	双冠属 Cylicodontophorus	双冠双冠线虫 C. bicoronatus	马
	杯环属 Cylicocyclus	辐射杯环线虫 C. radiatus	马、驴
		艾氏杯环线虫 C. adersi	驴
		阿氏杯环线虫 C. ashworthi *	马、驴
		耳状杯环线虫 C. auriculatus	驴
		短口囊杯环线虫 C. brevicapsulatus *	马
		长形杯环线虫 C. elongatus	马、驴
		显形杯环线虫 C. insigne	马、驴
		细口杯环线虫 C. leptostomus	马
		鼻状杯环线虫 C. nassatus	马、驴
		外射杯环线虫 C. ultrajectinus	马
	杯冠属 Cylicostephanus	小杯杯冠线虫 C. calicatus	驴
		高氏杯冠线虫 C. goldi	马、驴
		长伞杯冠线虫 C. longiburs	马、驴
		微小杯冠线虫 C. minutus	驴
	斯齿属 Skrjabinodentus	卡拉干斯齿线虫 S. caragandicus *	马
	彼得洛夫属 Petrovinema	杯状彼得洛夫线虫 P. poculatum	马
	杯口属 Poteriostomum	不等齿杯口线虫 P. imparidentatum	马

续表

亚科	属	种	寄主
		拉氏杯口线虫 P. ratzii *	马
	副杯口属 Parapoteriostomum	麦氏副杯口线虫 P. mettami *	马
		真臂副杯口线虫 P. euproctus *	驴
	辐首属 Gyalocephalus	头似辐首线虫 G. capitatus	马

注：＊表示河南省新纪录。

研究组不仅对35种圆线虫进行了数码显微拍照[135~139]，并且对数量较多的22个种进行了扫描电镜观察[140~142]，此项工作在国内尚属首次。研究进一步证明，利用扫描电镜技术能够清晰、准确地观察到线虫表面的结构特征，可以为线虫的分类和物种鉴定提供有利的证据。

二、形态分类

圆线虫虫体呈圆柱状，体长变化较大，雌雄异体。口孔（oral aperture）一般开向正前方，周围环绕2圈叶冠，外叶冠（external leaf-crown）和内叶冠（internal leaf-crown）。外叶冠的形状因虫种不同而各异。内叶冠大多数起始于口囊壁或前或后的地方，内叶冠数目一般比外叶冠多，形状比较细小。口领（mouth collar）呈倒置的梯形，口领的两个正侧方各有一个头感器（amphid），头感器之间对称地排列着四个亚中乳突（subcentral papillae）。头部具口囊（buccal capsule），囊内有几丁质的壁，有些种的口囊背壁上有长短不一的背沟（dorsal gutter）。雄虫的交合伞（bursa）发育良好，一般背叶较长，侧叶不发达。雄虫具引器，似手枪状。雌虫的阴门（vulva）位于体后部，靠近肛门（anus），有的尾部较直，有的尾部平钝呈人脚形。

依据Lichtenfels[15]、Georgi[143]、张路平和孔繁瑶[4~5]、Lichtenfels等[2~3]提出的分类系统，对河南省马圆线虫的分类地位进行界定。圆线虫亚科和属的检索表如下：

1. 口囊很发达，圆形、半圆形或漏斗状；口囊内具有发达的背沟 …… 圆线亚科 Strongylinae（2）
口囊不甚发达，圆柱形或环形；背沟通常不发达 …… 盅口亚科 Cyathostominae（6）
2. 外叶冠小叶数目少而宽 …………………………………………………………… 3
外叶冠小叶数目多，且长而窄 …………………………………………………… 4
3. 口囊内无齿，背沟发达 …………………………………………… 盆口属 Craterostomum
口囊内有3个长的食道齿伸到口孔的边缘；无背沟 …………… 双齿口属 Bidentostomum
4. 口囊呈漏斗状，口囊壁后缘增厚，形成一环箍状构造；无背沟；亚中乳突分叉 ……
……………………………………………………………… 食道齿属 Oesophagodontus
口囊球形或亚球形，口囊壁后缘不形成一环箍状构造；有背沟；亚中乳突不分叉 …… 5
5. 口囊内有3个辐射状排列的齿，每个齿由2个齿板组成 ………… 三齿属 Triodontophorus
口囊内无齿，或齿不呈辐射状排列，齿的末端钝圆 ……………………… 圆形属 Strongylus
6. 口囊特别长，呈圆柱状 ………………………………………………………………… 7

口囊不呈特别长的圆柱状 ··· 8
7. 背沟很发达，伸达口囊前1/3，交合伞背叶很长 ············ 马线虫属 Caballonema
  背沟不发达或缺背沟，交合伞背叶短 ························· 柱咽属 Cylindropharynx
8. 食道前端高度膨大，食道漏斗特别发达，内有6个半月形放射状齿状突起 ··············
   ·· 辐首属 Cyalocephalus
  食道前端不高度膨大，食道漏斗不很发达，内无半月形放射状齿状突起··············· 9
9. 食道漏斗背壁上具有3个小齿；外叶冠小叶窄而长，内叶冠小叶连接在一起形成一环状 ········
   ·· 三齿漏斗属 Tridentoinfudibulum
  食道齿不作上述分布；具有两圈放射状叶冠 ··· 10
10. 交合伞的背肋仅分出一个侧枝，有时侧枝的末端分为2叉 ······ 斯齿属 Skrjabinodentus
   交合伞的背肋仅分出两个侧枝 ··· 11
11. 内叶冠小叶的长度和宽度与外叶冠小叶相等或稍长于、稍宽于外叶冠小叶，一般内叶冠小叶
    数目比外叶冠少 ··· 12
   内叶冠小叶的长度和宽度比外叶冠小叶短狭，数目多于外叶冠小叶数 ············ 14
12. 口囊壁厚度不一致，前边薄，向后逐渐加厚 ················ 杯口属 Poteriostomum
   口囊壁厚度均匀一致 ·· 13
13. 口囊上宽下窄，呈漏斗状；内外叶冠小叶数目相同 ·············· 双冠属 Cylicodontophorus
   口囊近似圆柱形，上部略窄，下部略宽；内叶冠小叶数目比外叶冠少 ·····················
   ·· 副杯口属 Parapoteriostomum
14. 口囊后缘呈环箍状的增厚，头感器发达 ··· 15
   口囊后缘不呈环箍状的增厚，头感器不太发达 ······································· 16
15. 雌虫阴道极短 ··· 熊氏属 Hsiungia
   雌虫阴道较长 ··· 杯环属 Cylicocyclus
16. 内叶冠小叶起始于口囊前缘之后在口囊内，口领通常高 ··························· 17
   内叶冠小叶起始于口囊前缘或靠近前缘，口领低 ······································· 18
17. 角质支环与口囊前缘明显分开 ··· 冠环属 Coronocyclus
   角质支环与口囊前缘相连 ··· 盅口属 Cyathostomum
18. 口囊壁在1/3部分后加厚，向前逐渐变薄；外叶冠小叶在25个以上 ··················
    ·· 彼得洛夫属 Petrovinema
   口囊壁与上述结构不同；外叶冠小叶在25个以下 ············ 杯冠属 Cylicostephanus

三、种类描述

(一) 圆线亚科 Strongylinae Railliet, 1885

圆形属 *Strongylus* Müeller, 1780

属的特征：虫体较大。口领显著，较高，呈环形，分为内环和外环。口领的后缘位于口囊前缘之后。4个亚中乳突相对较小，乳突顶端尖，呈子弹形或圆锥形。外叶冠比内叶冠小叶长，但数量稍少。口囊呈杯状或椭圆形，口囊深大于宽。背沟长，向前延伸至口囊前端。口囊内具齿或无齿。雄虫交合伞宽阔，背肋分为6支，腹肋比侧肋短，侧叶长于或短于背叶。引器小而直，具腹沟。生殖锥短，圆锥形。交合刺1对，等长，刺尖直或稍弯曲。雌虫阴门位于虫体后1/3处。肛门呈横缝状。尾部较短。

1. 马圆形线虫 *Strongylus equinus* Müeller, 1780

虫体头部具有发达的口领，口领呈圆环形，在其表面的两个正侧方各有1个头感器，头感器较小，中间有1条裂缝。2个头感器之间对称排列着4个相对短小的亚中乳突，乳突由体部和顶部组成，顶部呈子弹形。虫体口孔较大，近似圆形，直径为295~400 (370) μm。口孔周围具2圈叶冠，外叶冠由160~190片细长的小叶组成，小叶长96~115 (110) μm，小叶末端尖，平直伸向口孔。外叶冠起始部位处于口领水平表面。内叶冠起始于口领的基部，由短的叶瓣组成。口囊似杯状，深1.10~1.25 (1.16) mm，宽0.87~0.98 (0.92) mm。口囊的基部具有4个突出的齿（图2-1、图2-2，图中光镜指光学显微镜，电镜指电子显微镜）。

雄虫 (n = 5)：体长23.18~32.56 (29.27) mm，最大体宽1.24~1.58 (1.47) mm。食道长1.81~1.98 (1.94) mm，最大宽度为0.48 mm。交合伞发达，较宽阔，边缘光滑，背肋与侧肋几乎等长，自外背肋基

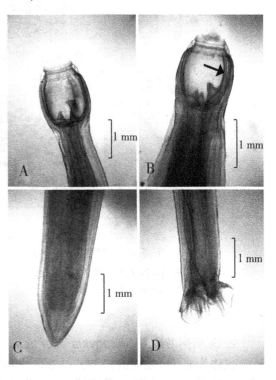

图2-1 马圆形线虫光镜图谱
A、B. 虫体头部侧面观（箭头示背沟） C. 雌虫尾部侧面观 D. 雄虫尾部侧面观

部至背肋末端的长度为 0.48~0.52 (0.50) mm。交合刺长 2.65~3.12 (2.83) mm。引器长 0.27~0.39 (0.34) mm。生殖锥短，卵圆形。

雌虫（n=5）：体长 38.45~44.68 (40.93) mm，最大体宽 1.28~1.89 (1.75) mm。食道长 2.03~2.52 (2.36) mm，最大宽度为 0.52~0.64 (0.57) mm。雌虫尾部直而钝，尾端卵圆形。阴门位于体后 1/3 处，距尾端 11.39~13.68 (12.95) mm。肛门横裂状，呈月牙形，距尾端 0.58~0.67 (0.63) mm。

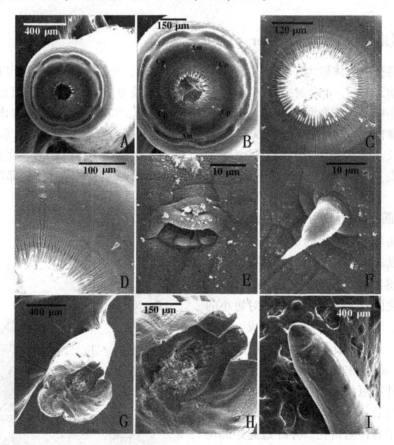

图 2-2　马圆形线虫扫描电镜图谱
A、B. 头部顶面观　C、D. 外叶冠　E. 头感器　F. 亚中乳突　G. 雄虫尾部腹面观　H. 生殖锥腹面观　I. 雌虫尾部腹面观　Am. 头感器　Cp. 亚中乳突

2. 无齿圆形线虫 Strongylus edentatus (Looss, 1900)

虫体头部具有发达的口领，口领呈圆环形，在其表面的两个正侧方各有 1 个头感器，头感器小，中间有 1 条裂缝。2 个头感器之间对称排列着 4 个相对短小的亚中乳突，乳突由体部和顶部组成，顶部呈圆锥形。虫体口孔较大，近似圆形，直径为 485~566 (512) μm。口孔周围具 2 圈叶冠，外叶冠由 75~80 片长而宽的小叶组成，小叶长 101~125 (118) μm，基部宽 4~8 (6) μm，小叶末端尖，平直伸向口孔。外叶冠起始

部位处于口领水平表面。内叶冠起始于口领基部，约80片，与外叶冠等长。口囊很发达，呈球形，宽 0.86～1.17 (1.06) mm，口囊内无齿（图 2-3、图 2-4）。

雄虫（n=1）：体长 23.18mm，最大体宽 1.54 mm。食道长 1.81 mm，最大宽度为 0.46 mm。交合伞由 2 个大的侧叶和 1 个短而宽的背叶组成。交合刺 1 对，长 2.19 mm。引器长 0.37 mm。

雌虫（n=2）：体长 38.00～43.00 (40.50) mm，最大体宽 2.08～2.20 (2.14) mm。食道长 1.90～2.20 (2.05) mm，最大宽度为 0.50～0.65 (0.58) mm。雌虫尾部直而钝，尾端卵圆形。阴门位于体后 1/3 处，距尾端 11.72～13.18 (12.45) mm。肛门横裂状，呈月牙形，距尾端 0.42～0.52 (0.47) mm。

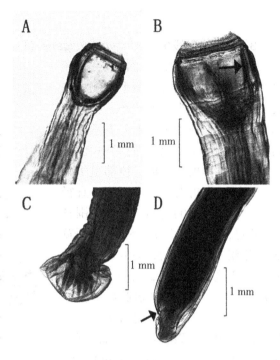

图 2-3　无齿圆形线虫光镜图谱
A、B. 虫体头部侧面观（箭头示背沟）　C. 雄虫尾部侧面观　D. 雌虫尾部侧面观（箭头示肛门）

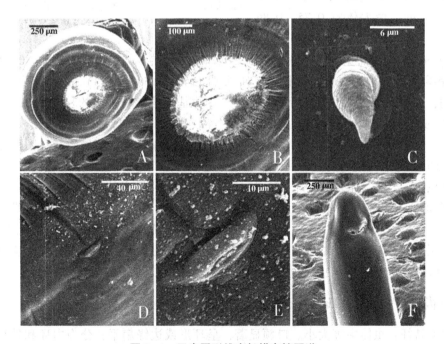

图 2-4　无齿圆形线虫扫描电镜图谱
A. 头部顶面观　B. 外叶冠　C. 亚中乳突　D、E. 头感器　F. 雌虫尾部腹面观

3. 普通圆形线虫 Strongylus vulgaris (Looss, 1900)

虫体头部具有发达的口领, 口领呈圆环形, 在其表面的两个正侧方各有 1 个头感器, 头感器较小, 稍微隆起, 中间有 1 条裂缝。2 个头感器之间对称排列着 4 个短小的亚中乳突, 乳突由体部和顶部组成, 顶部呈子弹形。虫体口孔稍大, 近似圆形, 直径为 150～180 (170) μm。口孔周围具 2 圈叶冠, 外叶冠由 45～52 片长而宽的小叶组成, 小叶长 65～72 (68) μm, 基部宽 8～17 (12) μm, 小叶末端分为几个小支。外叶冠起始部位突出于口领表面。内叶冠起始于口领的基部, 由短的叶瓣组成。口囊似杯状, 深 390～510 (486) μm, 宽 360～480 (427) μm。口囊背壁的基部有 1 对大而圆的齿 (图 2-5、图 2-6)。

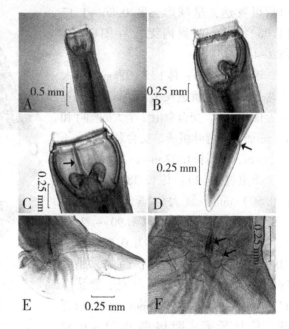

图 2-5 普通圆形线虫光镜图谱
A. 虫体前部腹面观 B. 头部侧面观 C. 头部腹面观 (箭头示背沟) D. 雌虫尾部侧面观 (箭头示肛门)
E. 雄虫尾部侧面观 F. 雄虫引器和生殖锥 (箭头所示)

雄虫 (n=5): 体长 13.15～16.40 (14.23) mm, 最大体宽 0.75～0.86 (0.81) mm。食道长 1.34～1.41 (1.36) mm, 前端部宽 0.23～0.26 (0.24) mm, 后端膨大部宽 0.32～0.40 (0.36) mm。颈乳突和排泄孔在神经环附近, 距头端 1.40～1.50 (1.43) mm。交合伞发达, 较宽阔, 边缘光滑, 背肋稍长于侧肋, 自外背肋基部至背肋末端的长度为 0.70～0.80 (0.75) mm。交合刺长 1.75～1.92 (1.83) mm。引器长 0.17～0.19 (0.18) mm。生殖锥短, 卵圆形, 表面分布着许多圆形突起。生殖锥由腹唇和背唇组成, 腹唇相对长而宽, 两唇之间的横裂即为泄殖孔。

雌虫 (n=5): 体长 16.91～22.45 (19.42) mm, 最大体宽 1.05～1.36 (1.32) mm。食道长 1.49～1.61 (1.56) mm, 前端部宽 0.38～0.46 (0.43) mm, 后端膨大部宽 0.48～0.59 (0.52) mm。雌虫尾部直而粗壮, 尾端圆锥形。阴门位于虫体后 1/3 处, 距尾端 8.24～10.68 (9.56) mm。肛门横裂状, 呈月牙形, 肛门距尾端 0.56～0.83 (0.74) mm。

三齿属 Triodontophorus Looss, 1902

属的特征: 虫体中等大小。口领显著, 呈环形或边缘扁平, 分为内环和外环。口领的后缘位于口囊前缘之后。4 个亚中乳突相对较小, 乳突顶端尖, 呈圆锥形。外叶冠比内叶冠小叶长, 但数量相等。口囊呈椭圆形, 口囊壁凹形, 前厚后薄。背沟长, 向

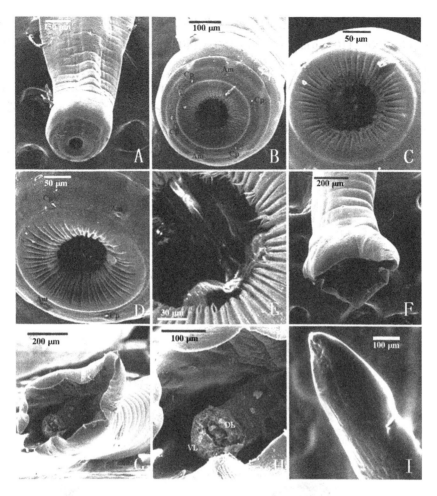

图 2-6 普通圆形线虫扫描电镜图谱
A. 虫体前部侧面观 B、C、D. 头部顶面观 E. 外叶冠 F. 雄虫尾部侧面观 G. 雄虫尾部腹面观 H. 生殖锥背面观 I. 雌虫尾部侧面观 Am. 头感器 Cp. 亚中乳突 VL. 腹唇 DL. 背唇

前延伸至口囊前端。雄虫交合伞短而宽,背肋分为6支,腹肋比侧肋短,背叶与侧叶等长或稍长于侧叶。交合伞边缘呈锯齿状。引器较大,具腹沟。生殖锥短,卵圆形。交合刺1对,等长,刺尖钩状。雌虫阴门距肛门的距离大于尾长。肛门横缝状,呈月牙形。尾部较短。

4. 锯齿状三齿线虫 Triodontophorus serratus (Looss, 1900)

虫体头部具有发达的口领,口领呈圆环形,在其表面的两个正侧方各有1个头感器,头感器较小,稍微隆起,中间有1条裂缝。2个头感器之间对称排列着4个短小的亚中乳突,乳突由体部和顶部组成,顶部呈圆锥形。虫体口孔稍大,近似圆形,直径为70~80(76)μm。口孔周围具2圈叶冠,外叶冠由约51片小叶组成,小叶长16~22(18)μm,基部宽2.5~4.3(4.0)μm,小叶自基部向外翻卷,末端尖。外叶冠起始部位处于口领表面。内叶冠稍短，起始于口囊壁前缘，与外叶冠数量相等。口囊近似球形，深 100~120（110）μm，宽 130~150（140）μm。由食道漏斗向口囊内突出 3 个齿，齿的边缘呈锯齿状（图 2-7、图 2-8）。

雄虫（n=3）：体长 14.70~16.10（15.86）mm，最大体宽 0.52~0.63（0.56）mm。食道长 0.91~1.02（0.98）mm，前端部宽 0.09~0.11（0.10）mm，后端膨大部宽 0.14~0.16（0.15）mm。颈乳突距头端 0.61~0.65（0.63）mm。交合刺长 3.12~3.38（3.25）mm。引器长 0.38~0.41（0.39）mm。交合伞发达，较宽阔，边缘呈锯齿状，背叶与侧叶等长。生殖锥短，卵圆形，由腹唇和背唇组成，两唇之间的横裂即为泄殖孔。腹唇与背唇等长，背唇上有一个树枝状突起。

雌虫（n=3）：体长 18.00~19.18（18.76）mm，最大体宽 0.61~0.68（0.65）mm。食道长 1.12~1.14（1.13）mm，前端部宽 0.12~0.14（0.13）mm，后端膨大部宽 0.14~0.17（0.16）mm。颈乳突距头端 0.67~0.70（0.69）mm。雌虫尾部直而粗壮，尾端圆锥形，阴门卵圆形，阴门距肛门 1.05~1.08（1.06）mm。肛门横裂状，呈月牙形，肛门距尾端 0.39~0.50（0.45）mm。

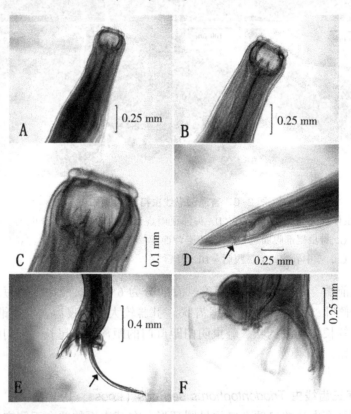

图 2-7　锯齿状三齿线虫光镜图谱
A、B. 虫体前部侧面观　C. 头部侧面观　D. 雌虫尾部侧面观
（箭头示肛门）　E、F. 雄虫尾部腹面观（箭头示交合刺）

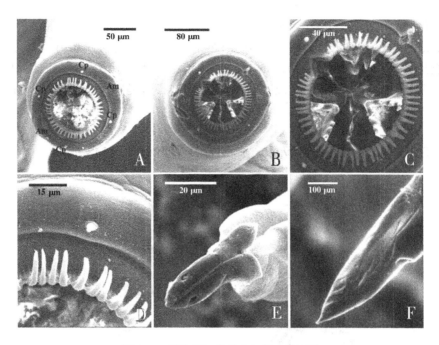

图 2-8 锯齿状三齿线虫扫描电镜图谱

A、B. 头部顶面观 C、D. 外叶冠 E. 交合刺 F. 雌虫尾部侧面观 Am. 头感器 Cp. 亚中乳突

5. 短尾三齿线虫 Triodontophorus brevicauda Boulenger，1916

虫体头部具有发达的口领，口领呈圆环形，在其表面的两个正侧方各有 1 个头感器。2 个头感器之间对称排列着 4 个亚中乳突，亚中乳突短，顶端卵圆形。口孔稍大，近似圆形。口孔周围具 2 圈叶冠，外叶冠由 61～68 片小叶组成。内叶冠数目与外叶冠相等。口囊内有 3 个齿，齿的前缘光滑。背沟较发达（图 2-9）。

雄虫（n=3）：体长 13.28～14.92（14.35）mm，最大体宽 0.76～0.81（0.79）mm。食道长 1.06～1.23（1.17）mm。交合伞发达，边缘呈锯齿状，背叶稍长，背叶与侧叶分界明显，自外背肋基部至背肋末端的长度为 0.68～0.79（0.72）mm。交合刺 1 对，长 1.42～1.68（1.54）mm。引器

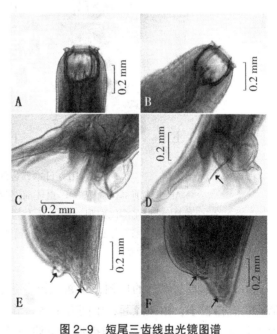

图 2-9 短尾三齿线虫光镜图谱

A、B. 虫体前部侧面观 C、D. 雄虫尾部侧面观（箭头示交合刺） E、F. 雌虫尾部侧面观（箭头示阴门和肛门）

呈沟槽状，长 0.31~0.37（0.34）mm。生殖锥短，卵圆形。

雌虫（n=3）：体长 14.86~19.53（17.32）mm，最大体宽 0.91~0.98（0.95）mm。食道长 1.18~1.26（1.21）mm。雌虫尾部短而粗壮，尾尖圆锥形。阴门卵圆形，靠近肛门，阴门距尾端 0.26~0.35（0.32）mm。肛门横裂状，呈月牙形，肛门距尾端 0.11~0.13（0.12）mm。

6. 日本三齿线虫 *Triodontophorus nipponicus* Yamaguti, 1943

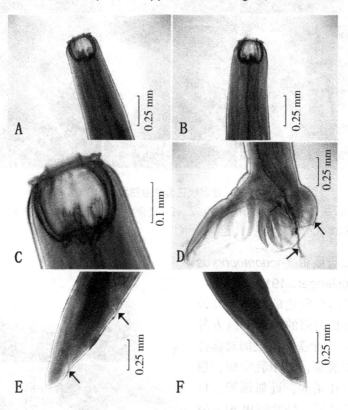

图 2-10　日本三齿线虫光镜图谱
A. 虫体前部侧面观　B. 虫体前部腹侧面观　C. 头部侧面观
D. 雄虫尾部侧面观（箭头从上到下分别是引器、生殖锥和交合刺）　E. 雌虫尾部侧面观（箭头示阴门和肛门）　F. 雌虫尾部背面观

虫体头部具有发达的口领，口领呈圆环形，在其表面的两个正侧方各有 1 个头感器，头感器较小，稍微隆起，中间有 1 条裂缝。2 个头感器之间对称排列着 4 个较长的亚中乳突，乳突顶端尖，呈圆锥形。虫体口孔稍大，近似圆形，直径为 70~85（78）μm。口孔周围具 2 圈叶冠，外叶冠由 54~59 片较短的小叶组成，小叶长 9~12（11）μm，基部宽 3μm，小叶自基部向外翻卷，末端尖。外叶冠起始部位处于口领表面。内叶冠稍短，起始于口囊壁前缘，与外叶冠数量几乎相等。口囊近似球形，深 130~167

（152）μm，宽147~184（168）μm。口囊内有3个齿，每个齿由两个齿板组成，两齿板的前端又分为3~4个齿尖（图2-10、图2-11）。

雄虫（n=5）：体长11.78~13.92（12.35）mm，最大体宽0.56~0.61（0.59）mm。食道长0.86~1.03（0.97）mm，前端部宽0.14~0.16（0.15）mm，后端膨大部宽0.18~0.20（0.19）mm。颈乳突距头端0.60~0.78（0.69）mm；神经环距头端0.53~0.57（0.54）mm。交合伞发达，边缘呈锯齿状，背叶稍长，自外背肋基部至背肋末端的长度为0.56~0.59（0.58）mm。交合刺细小，长0.69~0.88（0.74）mm。引器呈沟槽状，长0.25~0.27（0.26）mm。生殖锥短，卵圆形，由腹唇和背唇组成，两唇之间的横裂即为泄殖孔。腹唇与背唇等长，背唇上无明显附属物。

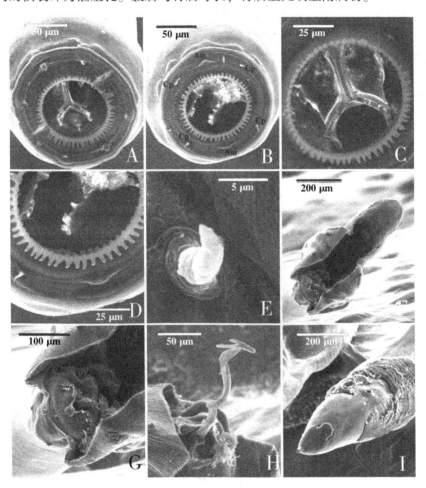

图2-11　日本三齿线虫扫描电镜图谱
A、B. 头部顶面观　C、D. 外叶冠　E. 亚中乳突　F. 雄虫尾部腹面观
G. 生殖锥　H. 交合刺　I. 雌虫尾部腹面观　Am. 头感器　Cp. 亚中乳突

雌虫（n=5）：体长14.76~16.23（15.32）mm，最大体宽0.58~0.73（0.65）mm。食道长0.98~1.06（1.03）mm，前端部宽0.16 mm，后端膨大部宽0.20~0.22

(0.21) mm。颈乳突距头端 0.81~0.83（0.82）mm；神经环距头端 0.60~0.62 (0.61) mm。雌虫尾部直而粗壮，尾端圆锥形。阴门卵圆形，阴门距尾端 0.59~0.67 (0.63) mm。肛门横裂状，呈月牙形，肛门距尾端 0.22~0.35（0.24）mm。

双齿口属 *Bidentostomum* Tshoijo, 1957

属的特征：虫体较小。口领显著，呈环形，分为内环和外环。口领的后缘位于口囊前缘之后。4个亚中乳突相对较小，乳突顶端尖，呈子弹形或圆锥形。外叶冠与内叶冠小叶等长，但数量较少。口囊壁凹形，前端稍厚，口囊宽度大于深度。背沟乳头状或纽扣状，口囊内无齿。食道漏斗浅，3个食道齿向前伸达口囊的前缘。雄虫交合伞短，背肋分为6支，腹肋与侧肋等长，背叶明显长于侧叶。引器较长，具腹沟。生殖锥长，延长伸出交合伞边缘。交合刺1对，等长，刺尖钩状或鱼叉状。雌虫阴门距肛门的距离大于尾长。肛门呈横缝状。尾部较长，尾端卵圆形。

7. 伊氏双齿口线虫 *Bidentostomum ivaschkini* Tshoijo, 1957

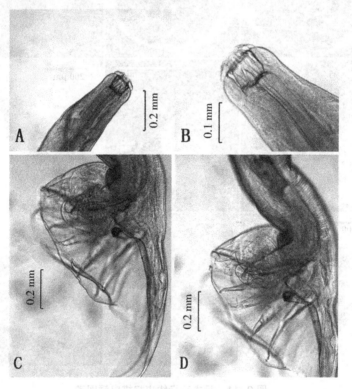

图2-12　伊氏双齿口线虫光镜图谱
A、B. 虫体头部侧面观　C、D. 雄虫尾部侧面观

口领显著，头部顶面观呈圆形。在口领顶端的两个正侧方各有1个头感器，头感器发达，中间有1条裂缝。2个头感器之间对称排列着4个亚中乳突，乳突顶端尖，呈子弹或圆锥形。口孔稍大，近似圆形。口孔周围环绕着2圈叶冠，外叶冠由8片宽大

的三角形小叶组成。内叶冠细小，起始于口囊壁前缘，小叶数目为 16 片。口囊宽度大于深度，口囊内无齿。食道漏斗浅，3 个食道齿向前伸达口囊的前缘（图 2-12）。

雄虫（n=1）：体长 8.57mm，最大体宽 0.46mm。食道长 0.56mm。颈乳突距头端 0.43mm；神经环距头端 0.34mm。交合伞发达，边缘光滑，背叶狭长，背叶与侧叶分界明显。交合刺 1 对，长 0.88mm。引器长 0.19mm。生殖锥特别长，延伸超过交合伞侧叶，生殖锥附属物由 2 个指形突起组成。

（二）盅口亚科 Cyathostominae Nicoll，1927

盅口属 *Cyathostomum*（Molin，1861）Hartwich，1986

属的特征：虫体中等大小。口领显著，较高，呈环形，分为内环和外环。口领的后缘位于口囊前缘之前或之后。4 个亚中乳突相对较小，乳突顶端尖，呈子弹形。外叶冠比内叶冠小叶长，但数量较少。角质支环与口囊前缘相连。口囊壁直，后端稍厚，但没有环箍形增厚。口囊环形，口囊宽度大于深度。背沟乳头状或纽扣状，口囊内无齿。雄虫交合伞中等长度，背肋分为 6 支，腹肋比侧肋短或等长，背叶长于侧叶。引器手枪状，具有沟槽。生殖锥短，卵圆形。交合刺 1 对，等长，末端有钩。雌虫阴门靠近肛门。尾部直或呈人脚形。

8. 四刺盅口线虫 *Cyathostomum tetracanthum*（Mehlis，1831）

口领显著，头部顶面观呈圆形碟状。在口领顶端的两个正侧方各有 1 个头感器，头感器小，稍微隆起，中间有 1 条裂缝。2 个头感器之间对称排列着 4 个亚中乳突，乳突长 9~10（8.5）μm，突出于口领之上，由体部和顶部组成，顶部呈子弹形。口孔较小，近似圆形，直径为 45~

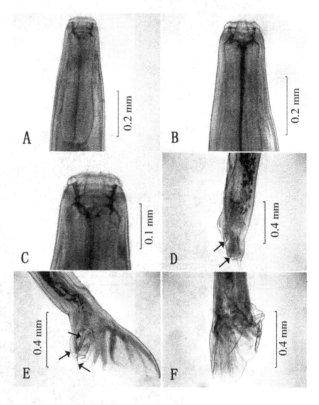

图 2-13 四刺盅口线虫光镜图谱
A. 虫体前部腹面观 B. 虫体前部侧面观 C. 头部腹面观
D. 雌虫尾部侧面观（箭头示阴门和肛门） E. 雄虫尾部侧面观（箭头从上到下分别是引器、生殖锥和交合刺）
F. 雄虫尾部腹侧面观

58（52）μm。外叶冠由20或22片小叶组成，小叶长25~28（27）μm，基部宽5~6（5.5）μm，小叶末端尖，向外翻卷。外叶冠的起始部位低于口领表面。内叶冠约有66片小叶，内叶冠的基部起始于角质支环与口囊壁的连接处附近。口囊呈短圆柱形，口囊内无齿（图2-13、图2-14）。

雄虫（n=10）：体长8.77~10.24（9.83）mm，最大体宽为0.34~0.39（0.36）mm。食道长0.38~0.43（0.41）mm，前端部宽0.09~0.11（0.10）mm，后端膨大部宽0.11~0.13（0.12）mm。神经环距头端0.26~0.28（0.27）mm；颈乳突距头端0.32~0.36（0.34）mm。雄虫尾部具有发达的交合伞，边缘光滑，背肋稍长于侧肋。交合伞自外背肋基部至背肋末端的长度为0.56~0.67（0.62）mm。交合刺长1.04~1.28（1.16）mm。引器长0.17~0.21（0.19）mm。生殖锥短，圆锥形，由腹唇和背唇组成，两唇之间的横裂即为泄殖孔，有时两根交合刺从孔中伸出。腹唇呈倒金字塔

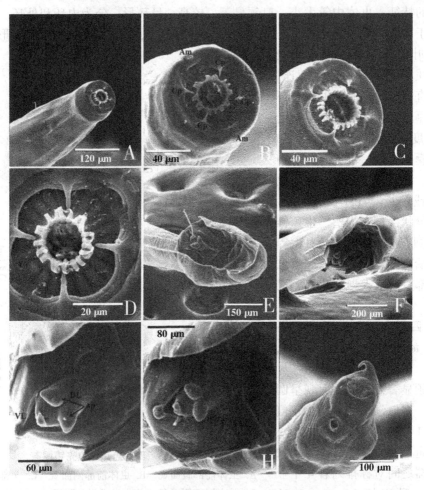

图2-14 四刺盅口线虫扫描电镜图谱

A. 虫体前部背腹面观　B、C. 头部顶面观　D. 外叶冠和亚中乳突　E、F. 雄虫尾部腹面观　G、H. 生殖锥背面观　I. 雌虫尾部腹面观　Am. 头感器　Cp. 亚中乳突　VL. 腹唇　DL. 背唇　Ap. 附属物

形，稍长于背唇，其顶端有一个桃形突起。背唇的背面有一对大的乳房状附属物，顶端有一个小的卵圆形突起。

雌虫（n=10）：体长 10.70~12.25（11.38）mm，最大体宽为 0.44~0.52（0.49）mm。食道长 0.45~0.52（0.48）mm，前端部宽 0.11~0.13（0.12）mm，后端膨大部宽 0.13~0.15（0.14）mm。神经环距头端 0.27~0.29（0.28）mm；颈乳突距头端 0.39~0.41（0.40）mm。阴道长 0.29~0.39（0.37）mm。雌虫尾部直，自肛门后急剧变细，尾尖呈指形。阴门卵圆形，阴门距肛门 0.12~0.15（0.14）mm。肛门横裂状，呈月牙形，肛门距尾端 0.09~0.12（0.11）mm。

9. 碗形盅口线虫 *Cyathostomum catinatum* Looss，1900

口领显著，头部顶面观呈圆形碟状。在口领顶端的两个正侧方各有 1 个头感器，头感器小，稍微隆起，中间有 1 条裂缝。2 个头感器之间对称排列着 4 个亚中乳突，乳突长 9~10（8.5）μm，突出于口领之上，由体部和顶部组成，顶部呈子弹形。口孔较小，近似圆形，直径为 27~40（35）μm。外叶冠由 22 片小叶组成，小叶长 11~15（13）μm，基部宽 3~4（3.5）μm，小叶末端钝圆，平直伸向口孔中央。外叶冠的起

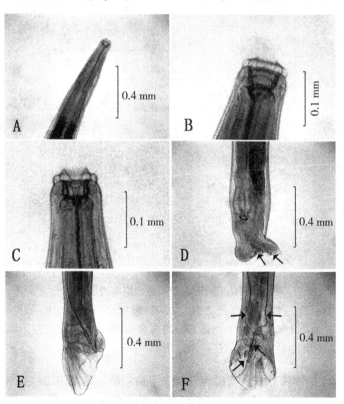

图 2-15 碗形盅口线虫光镜图谱

A. 虫体前部侧面观　B. 头部侧面观　C. 头部腹面观　D. 雌虫尾部侧面观（箭头示阴门和肛门）　E. 雄虫尾部侧面观　F. 雄虫尾部腹面观（箭头从上到下分别是交合刺、引器和生殖锥）

始部位低于口领表面。内叶冠的数目较多，起始于口囊内壁的近1/2处。从侧面观察时，内叶冠的起始线向前凸，呈一规则的弧形，从背面或腹面观察时，内叶冠的起始线向后下凹，亦呈一规则的弧形。口囊壁前端稍向外倾斜，后端较厚，背腹径大于侧径，口囊内无齿（图2-15、图2-16）。

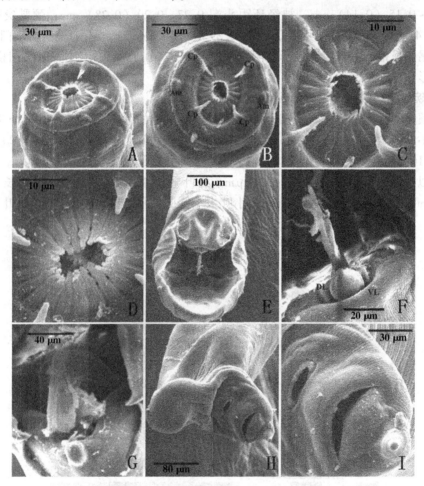

图2-16　碗形盅口线虫扫描电镜图谱
A. 头部侧面观　B. 头部顶面观　C、D. 外叶冠和亚中乳突　E. 雄虫尾部腹面观　F、G. 生殖锥腹面观　H. 雌虫尾部腹面观　I. 阴门和肛门　Am. 头感器　Cp. 亚中乳突　VL. 腹唇　DL. 背唇

雄虫（n=10）：体长6.53~7.62（6.91）mm，最大体宽0.28~0.32（0.30）mm。食道长0.37~0.41（0.38）mm，前端部宽0.06~0.08（0.07）mm，后端膨大部宽0.09~0.11（0.10）mm。神经环距头端0.21~0.25（0.24）mm；排泄孔距头端0.27~0.32（0.31）mm；颈乳突距头端0.28~0.34（0.32）mm。雄虫尾部具有发达的交合伞，边缘光滑，背肋稍长于侧肋。交合伞自外背肋基部至背肋末端的长度为0.31~0.37（0.34）mm。交合刺长1.37~1.54（1.48）mm。引器长0.19~0.21（0.20）

mm。生殖锥短，卵圆形，由腹唇和背唇组成，两唇之间的横裂即为泄殖孔。腹唇稍长于背唇，其顶端有1个圆形突起。背唇上无明显的附属物。

雌虫（n=10）：体长7.29~8.56（8.41）mm，最大体宽0.32~0.39（0.36）mm。食道长0.39~0.42（0.41）mm，前端部宽0.07~0.09（0.08）mm，后端膨大部宽0.11~0.14（0.13）mm。神经环距头端0.24~0.26（0.25）mm，排泄孔距头端0.33~0.37（0.35）mm；颈乳突距头端0.35~0.38（0.36）mm。阴道长0.18~0.29（0.27）mm。雌虫尾部弯向背侧，呈"人脚形"，尾尖圆锥形。阴门卵圆形，阴门距肛门0.06~0.08（0.07）mm。肛门横裂状，呈月牙形，肛门距尾端0.05~0.07（0.06）mm。

10. 蝶状盅口线虫 *Cyathostomum pateraturm*（Yorke and Macfie，1919）

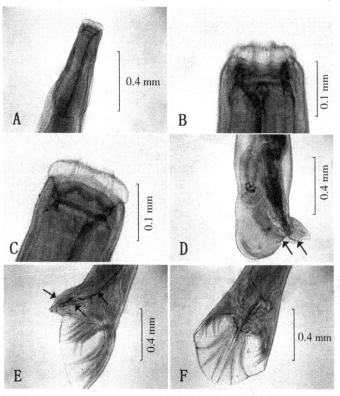

图2-17 蝶状盅口线虫光镜图谱

A. 虫体前部侧面观 B. 头部腹面观 C. 头部侧面观 D. 雌虫尾部侧面观（箭头示阴门和肛门） E. 雄虫尾部侧面观（箭头从左到右分别是生殖锥、引器和交合刺） F. 雄虫尾部腹面观

口领显著，头部顶面观呈椭圆形碟状。在口领顶端的两个正侧方各有1个头感器，头感器小，稍微隆起，中间有1条裂缝。2个头感器之间对称排列着4个亚中乳突，乳突长11~13（12）μm，突出于口领之上，由体部和顶部组成，顶部呈子弹形。口孔较小，近似圆形，直径为42~58（53）μm。外叶冠由24片小叶组成，小叶长18~22

(20）μm，基部宽7~8（7.5）μm，小叶末端尖，平直伸向口孔中央。外叶冠的起始部位低于口领表面。内叶冠起始于口囊深处，其起始部位不在同一水平线上，背腹面观察时，内叶冠的起始部边缘呈下凹的弧形，侧面观察时，呈现1~2个波状弯曲。口囊较浅，口囊壁后部较厚，前部变薄（图2-17、图2-18）。

雄虫（n=10）：体长8.56~9.52（8.97）mm，最大体宽0.43~0.51（0.45）mm。食道长0.53~0.59（0.56）mm，前端部宽0.11~0.13（0.12）mm，后端膨大部宽0.16~0.18（0.17）mm。神经环距头端0.26~0.29（0.27）mm；排泄孔距头端0.35~0.39（0.36）mm；颈乳突距头端0.41~0.46（0.45）mm。雄虫尾部具有发达的交合伞，边缘光滑，背肋长于侧肋。交合伞自外背肋基部至背肋末端的长度为0.54~0.63（0.58）mm。交合刺长1.81~2.10（1.94）mm。引器长0.23~0.28（0.26）mm。生

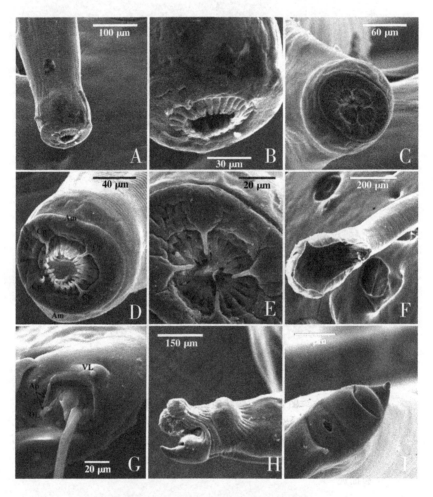

图2-18 蝶状蛊口线虫扫描电镜图谱

A. 虫体前部侧面观　B. 头部侧面观　C、D. 头部顶面观　E. 外叶冠和亚中乳突　F. 雄虫尾部腹面观　G. 生殖锥背面观　H. 雌虫尾部侧面观　I. 阴门和肛门　Am. 头感器　Cp. 亚中乳突　VL. 腹唇　DL. 背唇　Ap. 附属物

殖锥较长，圆锥形，延伸超过交合伞侧叶。生殖锥由腹唇和背唇组成，两唇之间的横裂即为泄殖孔。腹唇显著长而宽，其顶端有一个小的球形突起。背唇狭短，两侧各有一个细的指状附属物。

雌虫（n=10）：体长 9.52~10.06（9.83）mm，最大体宽 0.45~0.59（0.52）mm。食道长 0.61~0.65（0.63）mm，前端部宽 0.13~0.15（0.14）mm，后端膨大部宽 0.17~0.20（0.19）mm。神经环距头端 0.29~0.33（0.31）mm；排泄孔距头端 0.37~0.41（0.38）mm；颈乳突距头端 0.42~0.48（0.45）mm。阴道长 0.51~0.59（0.57）mm。雌虫尾部粗壮，弯向背侧呈"人脚形"，尾尖圆锥形。阴门卵圆形，阴门距肛门 0.09~0.11（0.10）mm。肛门为横裂状，呈月牙形，肛门距尾端 0.08~0.11（0.09）mm。

冠环属 *Coronocyclus* Hartwich，1986

属的特征：虫体中等大小。口领显著，较高，呈环形，分为内环和外环。口领的后缘位于口囊前缘之前。4个亚中乳突相对较小，乳突顶端尖，呈子弹形。外叶冠比内叶冠小叶长，但数量较少。角质支环与口囊前缘明显分开。口囊壁直，后端没有环形增厚。口囊圆柱形，口囊宽度大于深度。背沟乳头状、纽扣状或舌形，口囊内无齿。雄虫交合伞中等长度，背肋分为6支，腹肋比侧肋短或等长，背叶长于侧叶。引器手枪状，具有沟槽。生殖锥短，卵圆形。交合刺1对，等长，末端有钩。雌虫阴门靠近肛门。尾部直或弯向背侧呈"人脚形"。

11. 冠状冠环线虫 *Coronocyclus coronatus*（Looss，1900）

口领显著，头部顶面观呈圆形。在口领顶端的两个正侧方各有1个头感器，头感器小，稍微隆起，中间有1条裂缝。2个头感器之间对称排列着4个亚中乳突，亚中乳突起自口领基部，向口领顶部延伸呈隆起状，到达口领顶部后，突出口领之上呈子弹形，乳突长 10~12（11）μm。口孔小，近似圆形，直径为 39~41（40）μm。外叶冠由 22 片小叶组成，小叶长

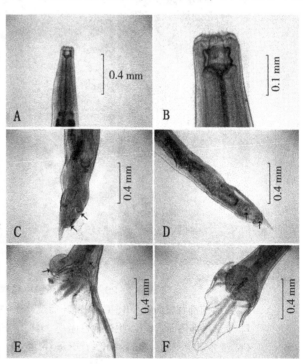

图 2-19 冠状冠环线虫光镜图谱

A. 虫体前部侧面观 B. 头部侧面观 C. 雌虫尾部侧面观（箭头示阴门和肛门） D. 雌虫尾部腹面观（箭头示阴门和肛门） E. 雄虫尾部侧面观（箭头从左到右分别是生殖锥、引器和交合刺） F. 雄虫尾部腹面观

18~26（23）μm，基部宽3~5（4）μm，小叶末端钝圆，有的伸向口孔，有的向外翻卷。外叶冠的起始部位低于口领表面。内叶冠有40~52片小叶，起始于口囊内壁的前1/3处。角质支环与口囊前缘分开，从口领基部延伸至内、外叶冠结合部，并与内、外叶冠相连。口囊壁厚，口囊壁的前1/3处向内弯，而前后两端均较宽（图2-19、图2-20）。

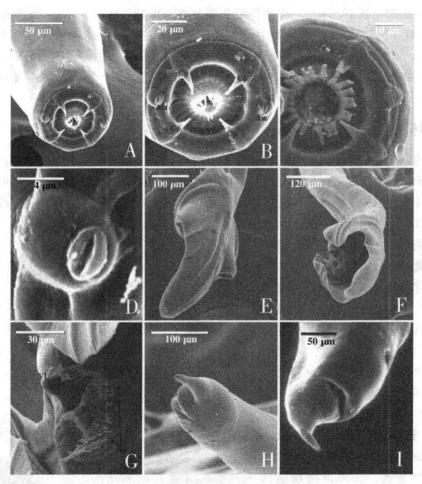

图 2-20　冠状冠环线虫扫描电镜图谱
A. 虫体前部背腹面观　B、C. 头部顶面观　D. 头感器　E. 雄虫尾部背面观
F. 雄虫尾部侧面观　G. 生殖锥背面观　H、I. 雌虫尾部侧面观　Am. 头感器
Cp. 亚中乳突　VL. 腹唇　DL. 背唇　Ap. 附属物

雄虫（n=10）：体长7.45~8.51（7.92）mm，最大体宽0.34~0.39（0.37）mm。食道长0.43~0.47（0.45）mm，前端部宽0.07~0.09（0.08）mm，后端膨大部宽0.12~0.14（0.13）mm。神经环距头端0.25~0.27（0.26）mm；排泄孔距头端0.31~0.36（0.33）mm；颈乳突距头端0.35~0.38（0.37）mm。雄虫尾部具有发达的交合伞，由一个较长的背叶和两个卵圆形的侧叶组成，背叶和侧叶分界明显。交合伞自外

背肋基部至背肋末端的长度为 0.60~0.77（0.69）mm。交合刺长 1.02~1.12（1.05）mm。引器长 0.17~0.19（0.18）mm。生殖锥短，由腹唇和背唇组成，两唇之间的横裂即为泄殖孔。背唇上有 1 对卵圆形结构的附属物，中部相融合，上面分布着许多刚毛状突起。

雌虫（n = 10）：体长 8.90~10.09（10.00）mm，最大体宽 0.37~0.45（0.41）mm。食道长 0.45~0.49（0.48）mm，前端部宽 0.08~0.10（0.09）mm，后端膨大部宽 0.13~0.15（0.14）mm。神经环距头端 0.27~0.31（0.30）mm；排泄孔距头端 0.33~0.39（0.35）mm；颈乳突距头端 0.39~0.41（0.40）mm。阴道长 0.27~0.29（0.28）mm。雌虫尾部直，尾尖呈指形。阴门卵圆形，阴门距肛门 0.11~0.13（0.12）mm。肛门横裂，呈月牙形，肛门距尾端 0.17~0.19（0.18）mm。

12. 大唇片冠环线虫 Coronocyclus labiatus（Looss，1902）

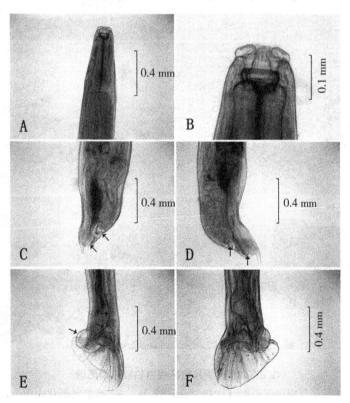

图 2-21 大唇片冠环线虫光镜图谱
A. 虫体前部侧面观　B. 头部侧面观　C、D. 雌虫尾部侧面观（箭头示阴门和肛门）　E. 雄虫尾部侧面观（箭头从上到下分别是交合刺、引器和生殖锥）　F. 雄虫尾部腹面观

口领显著，头部顶面观呈圆形。在口领顶端的两个正侧方各有 1 个头感器，头感器小，稍微隆起，中间有 1 条裂缝。口领内上缘在背腹面和侧面向内延伸形成 4 个大

的唇形结构，每个唇片的基部中央伸出 1 个亚中乳突，亚中乳突的大部分与唇片结合在一起，只有顶部游离于唇片的外面，乳突长 6~8（7）μm。口孔小，近似圆形，直径为 42~47（44）μm。外叶冠由 19 片小叶组成，小叶长 27~29（28）μm，基部宽 4~5（4.5）μm，小叶末端钝圆，向外翻卷。外叶冠的起始部位低于口领表面。内叶冠有 40~52 片小叶，起始于口囊内壁的前 1/2 左右。角质支环比口囊壁小，呈纺锤形，位于口囊壁的前侧方（图 2-21、图 2-22）。

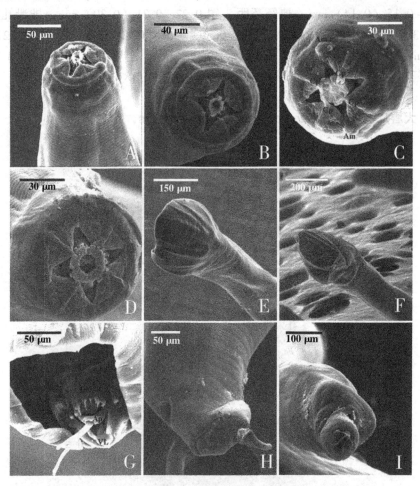

图 2-22 大唇片冠环线虫扫描电镜图谱
A. 虫体前部背腹面观 B、C、D. 头部顶面观 E. 雄虫尾部背面观 F. 雄虫尾部腹面观 G. 生殖锥背面观 H、I. 雌虫尾部侧面观 Am. 头感器 Cp. 亚中乳突 VL. 腹唇 DL. 背唇 Ap. 附属物

雄虫（n=10）：体长 7.65~8.19（7.94）mm，最大体宽 0.31~0.42（0.36）mm。食道长 0.37~0.41（0.39）mm，前端部宽 0.08~0.10（0.09）mm，后端膨大部宽 0.11~0.14（0.13）mm。神经环距头端 0.25~0.27（0.26）mm；排泄孔距头端 0.34~0.37（0.36）mm；颈乳突距头端 0.35~0.40（0.38）mm。雄虫尾部具有发达的交合

伞，背叶较宽阔，稍长于侧叶，背叶和侧叶分界不明显。交合伞自外背肋基部至背肋末端的长度为 0.36~0.42（0.40）mm。交合刺长 1.31~1.42（1.35）mm。引器长 0.19~0.22（0.20）mm。生殖锥短，卵圆形，由腹唇和背唇组成，两唇之间的横裂即为泄殖孔。背唇上分布着约 10 个大小不等的圆锥形附属物。

雌虫（n = 10）：体长 9.76~11.23（10.54）mm，最大体宽 0.41~0.54（0.48）mm。食道长 0.41~0.45（0.43）mm，前端部宽 0.09~0.11（0.10）mm，后端膨大部宽 0.12~0.15（0.14）mm。神经环距头端 0.28~0.30（0.29）mm；排泄孔距头端 0.36~0.45（0.41）mm；颈乳突距头端 0.37~0.48（0.43）mm。阴道长 0.32~0.37（0.35）mm。雌虫尾部粗壮，稍弯向背侧，尾尖呈指形。阴门卵圆形，阴门距肛门 0.10~0.12（0.11）mm。肛门横裂，呈月牙形，肛门距尾端 0.13~0.16（0.14）mm。

13. 小唇片冠环线虫 Coronocyclus labratus（Looss，1900）

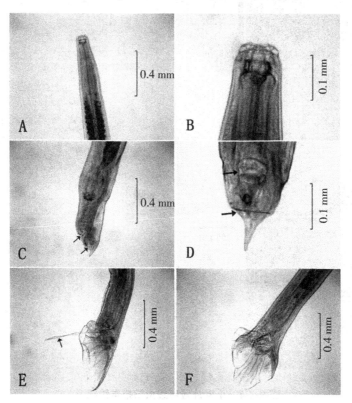

图 2-23 小唇片冠环线虫光镜图谱

A. 虫体前部侧面观　B. 头部侧面观　C. 雌虫尾部侧面观（箭头示阴门和肛门）　D. 雌虫尾部腹面观（箭头示阴门和肛门）　E. 雄虫尾部侧面观（箭头从左到右分别是交合刺和引器）　F. 雄虫尾部腹面观

口领显著，头部顶面观呈圆形。在口领顶端的两个正侧方各有 1 个头感器，头感器小，稍微隆起，中间有1条裂缝。口领内上缘在背腹面和侧面向内延伸形成4个小的唇形结构，每个唇片的基部中央伸出1个亚中乳突，亚中乳突仅基部与唇片结合在一起，其他大部分游离于唇片的外面，乳突长6~7（6.5）μm。口孔稍小，近似圆形，直径为33~36（35）μm。外叶冠由18片小叶组成，小叶长11~19（16）μm，基部宽2~5（3）μm，小叶末端钝圆，有的伸向口孔，有的向外翻卷。外叶冠的起始部位低于口领表面。内叶冠呈棒状，有48~54片，起始于口囊内壁的前1/3左右。角质支环呈梨形，位于口囊壁的前侧方（图2-23、图2-24）。

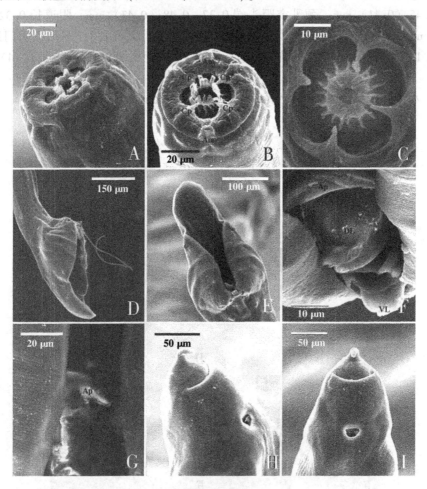

图2-24 小唇片冠环线虫扫描电镜图谱
A. 虫体前部侧面观 B、C. 头部顶面观 D. 雄虫尾部侧面观 E. 雄虫尾部腹面观 F. 生殖锥背面观 G. 附属物 H. 雌虫尾部侧面观 I. 雌虫尾部腹面观 Am. 头感器 Cp. 亚中乳突 VL. 腹唇 DL. 背唇 Ap. 附属物

雄虫（n=10）：体长5.67~6.78（6.54）mm，最大体宽0.23~0.29（0.25）mm。食道长0.32~0.39（0.37）mm，前端部宽0.06~0.08（0.07）mm，后端膨大部宽0.09~0.11（0.10）mm。神经环距头端0.21~0.23（0.22）mm；排泄孔距头端0.30

mm；颈乳突距头端0.29~0.34（0.32）mm。雄虫尾部具有发达的交合伞，由一个稍长的背叶和两个卵圆形的侧叶组成，背叶和侧叶分界明显。交合伞自外背肋基部至背肋末端的长度为0.45~0.49（0.47）mm。交合刺长0.91~1.03（0.98）mm。引器长0.15~0.17（0.16）mm。生殖锥短小，由腹唇和背唇组成，两唇之间的横裂即为泄殖孔。背唇上有1个月牙状的附属物，两端呈卵圆形。

雌虫（n=10）：体长6.96~7.92（7.68）mm，最大体宽0.29~0.34（0.32）mm。食道长0.37~0.41（0.39）mm，前端部宽0.07~0.09（0.08）mm，后端膨大部宽0.11~0.13（0.12）mm。神经环距头端0.26~0.28（0.27）mm；排泄孔距头端0.34 mm；颈乳突距头端0.31~0.37（0.34）mm。阴道长0.25~0.29（0.28）mm。雌虫尾部直，尾尖呈指形。阴门卵圆形，阴门距肛门0.06~0.09（0.08）mm。肛门横裂，呈月牙形，肛门距尾端0.08~0.10（0.09）mm。

双冠属 *Cylicodontophorus* Ihle，1922

属的特征：小型至中型虫体。口领显著，较高，呈环形，分为内环和外环。口领的后缘位于口囊前缘之前或之后。4个亚中乳突相对较小，乳突顶端尖，呈子弹形。外叶冠比内叶冠小叶稍长或等长，但数量几乎相等。口囊壁直，前后厚度基本一致。口囊宽度大于深度，尤其前端比后端宽。背沟长度几乎为口囊深度的1/2，口囊内无齿。雄虫交合伞中等长度，背肋分为6支，腹肋比侧肋短，背叶长于侧叶。引器较大，具有沟槽。生殖锥短，圆锥形，或延长伸出交合伞边缘。交合刺1对，等长，末端有钩。雌虫阴门靠近肛门，尾部呈"人脚形"。

14. 双冠双冠线虫 *Cylicodontophorus bicoronatus*（Looss，1900）

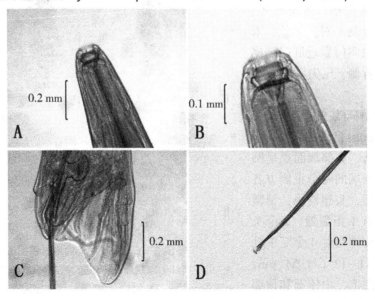

图2-25 双冠双冠线虫光镜图谱
A. 虫体前部腹面观 B. 头部腹面观 C. 雄虫尾部侧面观 D. 交合刺

口领显著，头部顶面观呈圆形。在口领顶端的两个正侧方各有1个头感器，头感器小，中间有1条裂缝。2个头感器之间对称排列着4个短小的亚中乳突，乳突顶端尖，呈子弹形。口孔较大，近似圆形。外叶冠由26~30片小叶组成。内叶冠起始于口囊壁的前缘，与外叶冠小叶的数目和长度基本相等。口囊壁较厚，前宽后窄，呈倒梯形。背沟几乎伸达口囊前缘（图2-25）。

雄虫（n=1）：体长10.95mm，最大体宽0.51mm。食道长0.68mm，前端部宽0.13mm，后端膨大部宽0.19mm。神经环距头端0.35mm；颈乳突距头端0.47mm。雄虫尾部具有发达的交合伞，由一片稍长的背叶和两片卵圆形的侧叶组成，背叶和侧叶分界明显。交合伞自外背肋基部至背肋末端的长度为0.59mm。交合刺1对，长1.86mm。引器长0.32mm。生殖锥圆锥形，延伸超过交合伞侧叶，生殖锥上分布着1对指形附属物。

杯环属 *Cylicocyclus* Ihle，1922

属的特征：小型至中型虫体。口领显著，较高，呈环形，分为内环和外环。口领的后缘位于口囊前缘之前。4个亚中乳突相对较长，突出于口领表面。乳突顶端尖，呈纺锤形或子弹形。外叶冠比内叶冠小叶长，但数量较少。口囊壁直或凹形，基部有明显的环箍形增厚。口囊圆柱形，口囊宽度大于深度。背沟乳头状或伸达1/2口囊深处，口囊内无齿。雄虫交合伞中等长度或较长，背肋分为6支，腹肋比侧肋短或等长，背叶长于侧叶。引器手枪状，具有沟槽。生殖锥短，卵圆形。交合刺1对，等长，末端有钩。雌虫阴门靠近肛门。尾部直或弯向背侧，尾尖呈指形。

15. 辐射杯环线虫 *Cylicocylus radiatus*（Looss，1900）

口领显著，头部顶面观呈圆形。在口领顶端的两个正侧方各有1个头感器，头感器小，稍微隆起，中间有1条裂缝。2个头感器之间对称排列着4个亚中乳突，乳突长11~12（11.5）μm，突出于口领之上，由体部和顶部组成，顶部呈子弹形。口孔稍大，近似圆形，直径为49~75

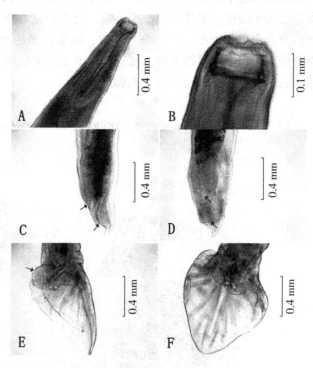

图2-26 辐射杯环线虫光镜图谱
A. 虫体前部侧面观　B. 头部侧面观　C. 雌虫尾部侧面观（箭头示阴门和肛门）　D. 雌虫尾部腹面观（箭头示阴门和肛门）　E. 雄虫尾部侧面观（箭头从左到右分别是生殖锥和引器）　F. 雄虫尾部腹面观

(58）μm。外叶冠由约 30 片小叶组成，小叶长 16～19（18）μm，基部宽 3～5（4）μm，小叶末端钝圆，平直伸向口孔。外叶冠的起始部位低于口领表面。内叶冠有 48～52 片小叶，内叶冠起始于口囊壁的前缘。口囊近似矩形，其后缘增厚为一个明显的环箍（图 2-26、图 2-27）。

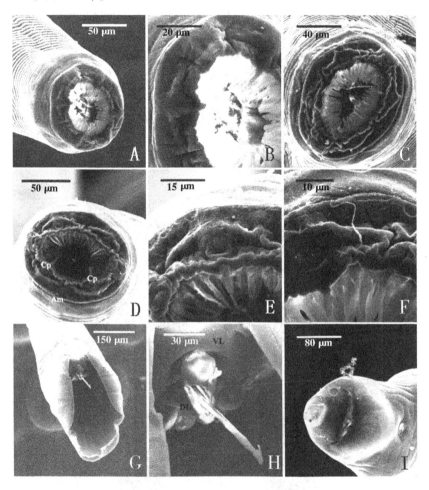

图 2-27　辐射杯环线虫扫描电镜图谱
A. 虫体前部侧面观　B、C、D. 头部顶面观　E、F. 外叶冠　G. 雄虫尾部腹面观　H. 生殖锥腹面观　I. 雌虫尾部腹面观　Am. 头感器　Cp. 亚中乳突　VL. 腹唇　DL. 背唇

雄虫（n=10）：体长 8.77～9.52（9.42）mm，最大体宽 0.41～0.49（0.46）mm。食道长 0.67～0.75（0.73）mm，前端部宽 0.09～0.13（0.12）mm，后端膨大部宽 0.17～0.20（0.19）mm。神经环距头端 0.38～0.42（0.41）mm；颈乳突距头端 0.47～0.51（0.49）mm；排泄孔距头端 0.47～0.52（0.50）mm。雄虫尾部具有发达的交合伞，由一个稍长的背叶和两个卵圆形的侧叶组成，背叶和侧叶分界不明显。交合伞自外背肋基部至背肋末端的长度为 0.71～0.90（0.86）mm。交合刺长 1.57～1.91

(1.85) mm。引器长 0.24~0.29 (0.27) mm。生殖锥短小，卵圆形，由腹唇和背唇组成，两唇之间的横裂即为泄殖孔。背唇上有 1 对球状附属物。

雌虫 (n=10)：体长 10.49~11.24 (10.96) mm，最大体宽 0.56~0.63 (0.60) mm。食道长 0.84~0.96 (0.90) mm，前端部宽 0.12~0.15 (0.13) mm，后端膨大部宽 0.20~0.22 (0.21) mm。神经环距头端 0.43~0.47 (0.45) mm；颈乳突距头端 0.46~0.55 (0.52) mm；排泄孔距头端 0.48~0.57 (0.54) mm。阴道长 0.63~0.75 (0.65) mm。雌虫尾部直，尾尖呈指形。阴门卵圆形，阴门距肛门 0.16~0.18 (0.17) mm。肛门横裂，呈月牙形，肛门距尾端 0.14~0.18 (0.16) mm。

16. 艾氏杯环线虫 *Cylicocyclus adersi* (Boulenger, 1920)

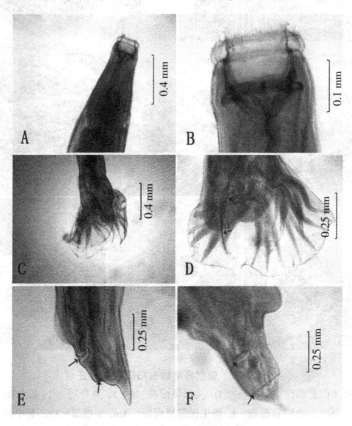

图 2-28 艾氏杯环线虫光镜图谱

A. 虫体前部侧面观　B. 头部腹面观　C. 雄虫尾部侧面观
D. 雄虫尾部腹侧面观（箭头从上到下分别是引器和交合刺）
E. 雌虫尾部侧面观（箭头示阴门和肛门）　F. 雌虫尾部腹面观（箭头示阴门和肛门）

口领显著，头部顶面观呈圆形。在口领顶端的两个正侧方各有 1 个头感器，头感器小，稍微隆起，中间有 1 条裂缝。2 个头感器之间对称排列着 4 个亚中乳突，乳突长

14~16（15）μm，突出于口领之上，由体部和顶部组成，顶部呈圆锥形。口孔稍大，近似圆形，直径为 91~96（94）μm。外叶冠由 40 片左右小叶组成，小叶长 22~26（24）μm，基部宽 7~9（8）μm，小叶末端尖，自中部向外翻卷。外叶冠的起始部位低于口领表面。内叶冠有 60 片小叶，内叶冠起始部位接近于口囊壁的前缘。口囊近似矩形，其后缘增厚为一明显的环箍（图 2-28、图 2-29）。

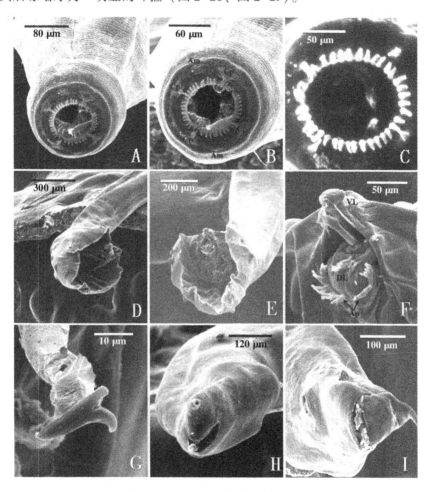

图 2-29 艾氏杯环线虫扫描电镜图谱

A、B. 头部顶面观　C. 外叶冠　D. 雄虫尾部侧面观　E. 雄虫尾部腹面观　F. 生殖锥背面观　G. 交合刺　H、I. 雌虫尾部腹面观　Am. 头感器　Cp. 亚中乳突　VL. 腹唇　DL. 背唇　Ap. 附属物

雄虫（n=5）：体长 10.17~11.85（11.63）mm，最大体宽 0.59~0.64（0.61）mm。食道长 0.48~0.59（0.56）mm。食道前部宽 0.10~0.16（0.13）mm，后端膨大部宽 0.22~0.28（0.26）mm。神经环距头端 0.32~0.37（0.35）mm；排泄孔距头端 0.46~0.60（0.54）mm；颈乳突距头端 0.45~0.58（0.53）mm。雄虫尾部具有发达的交合伞，由一个背叶和两个卵圆形的侧叶组成，背叶和侧叶分界不明显。交合伞自外背肋基部至背肋末端的长度为 0.64~0.73（0.69）mm。交合刺长 2.46~2.68（2.52）

mm。引器长 0.31～0.37（0.33）mm。生殖锥短小，卵圆形，由腹唇和背唇组成，两唇之间的横裂即为泄殖孔。背唇上有半环薄片状附属物，顶端有许多指形突起。

雌虫（n=5）：体长 11.56～14.34（13.98）mm，最大体宽 0.75～0.86（0.81）mm。食道长 0.58～0.67（0.63）mm。食道前部宽 0.18～0.20（0.19）mm，后端膨大部宽 0.25～0.32（0.29）mm。神经环距头端 0.39～0.43（0.40）mm；排泄孔距头端 0.48～0.65（0.63）mm；颈乳突距头端 0.49～0.64（0.63）mm。阴道长 0.47～0.73（0.58）mm。雌虫尾部粗壮，尾尖呈指形。阴门卵圆形，阴门距肛门 0.18～0.24（0.21）mm。肛门横裂，呈月牙形，肛门距尾端 0.16～0.24（0.22）mm。

17. 阿氏杯环线虫 *Cylicocylus ashworthi*（LeRoux，1924）

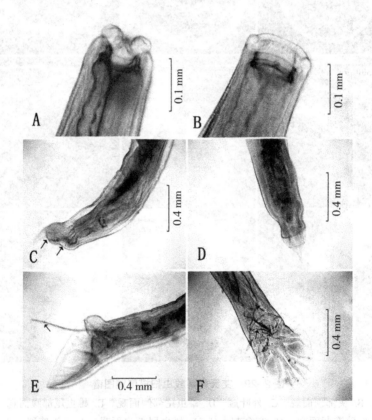

图 2-30　阿氏杯环线虫光镜图谱
A. 头部侧面观　B. 头部腹面观　C. 雌虫尾部侧面观（箭头示阴门和肛门）　D. 雌虫尾部腹面观　E. 雄虫尾部侧面观（箭头示交合刺）　F. 雄虫尾部背面观（箭头从上到下分别是交合刺和引器）

口领显著，头部顶面观呈圆形。在口领顶端的两个正侧方各有 1 个头感器，头感器呈隆起状，中间有 1 条裂缝。2 个头感器之间对称排列着 4 个亚中乳突，乳突长 8～11（10）μm，突出于口领之上，由体部和顶部组成，顶部呈圆锥形。口孔较小，近似圆形，直径为 39~48（45）μm。外叶冠由 22~24 片小叶组成，小叶长 18~21（20）μm，基部宽 4~6（5）μm，小叶末端尖，自基部向外翻卷。外叶冠的起始部位低于口领表面。内叶冠短，起始于口囊前缘。口囊短而宽，其后缘增厚为一个明显的环箍。背沟很短（图 2-30、图 2-31）。

雄虫（n=10）：体长 6.69~7.81（7.65）mm，最大体宽 0.32~0.37（0.36）mm。食道长 0.56~0.62（0.59）mm，最大宽度为 0.12~0.14（0.13）mm。神经环距头端 0.29~0.31（0.30）mm；颈乳突距头端 0.36~0.39（0.38）mm。雄虫尾部具有发达的交合伞，由一个稍长的背叶和两个卵圆形的侧叶组成，背叶和侧叶分界不明显。交合伞自外背肋基部至背肋末端的长度为 0.48~0.51（0.49）mm。交合刺 1 对，长 1.09~1.13（1.11）mm。引器长 0.17~0.21（0.18）mm。生殖锥短小，由腹唇和背唇组成，两唇之间的横裂即为泄殖孔。背唇上有 1 对卵圆形附属物，附属物的形状和突起变化较大。

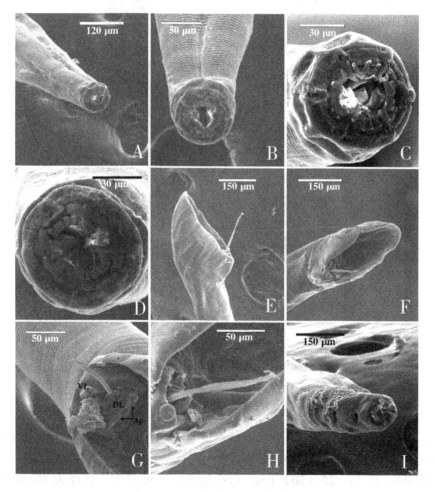

图 2-31 阿氏杯环线虫扫描电镜图谱

A、B. 虫体前部侧面观　C、D. 头部顶面观　E. 雄虫尾部侧面观　F. 雄虫尾部腹面观　G、H. 生殖锥腹面观　I. 雌虫尾部腹面观　Am. 头感器　Cp. 亚中乳突　VL. 腹唇　DL. 背唇　Ap. 附属物雌虫（n=10）：体长7.92~8.90（8.81）mm，最大体宽0.45~0.48（0.47）mm。食道长0.59~0.67（0.63）mm，最大宽度为0.14~0.16（0.15）mm。神经环距头端0.32~0.34（0.33）mm；颈乳突距头端0.39~0.42（0.41）mm。阴道长0.28~0.36（0.34）mm。雌虫尾部直，尾尖呈指形。阴门卵圆形，阴门距肛门0.12~0.14（0.13）mm。肛门横裂，呈月牙形，肛门距尾端0.13~0.15（0.14）mm。

18. 耳状杯环线虫 Cylicocylus auriculatus（Looss，1900）

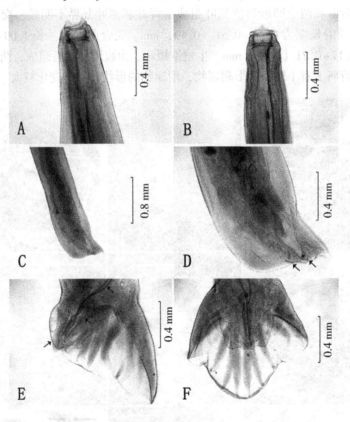

图2-32　耳状杯环线虫光镜图谱
A. 虫体前部腹面观　B. 虫体前部侧面观　C、D. 雌虫尾部侧面观（箭头示阴门和肛门）　E. 雄虫尾部侧面观（箭头从上到下分别是交合刺、引器和生殖锥）　F. 雄虫尾部腹面观

口领显著，头部顶面观呈圆形。在口领顶端的两个正侧方各有1个头感器，头感器特别长，突出于口领之外。2个头感器之间对称排列着4个亚中乳突，乳突呈圆棒状，顶端钝圆，长18~22（20）μm。口孔较大，近似圆形，直径为80~105（95）μm。外叶冠约有35片小叶，小叶长19~22（21）μm，基部宽7~10（9）μm，小叶末端尖，有的平直伸向口孔，有的向外翻卷。外叶冠起始部位处于口领水平表面。内叶冠数目很多，起始于口囊壁的前缘。口囊宽阔呈矩形，其后缘增厚为一个明显的环箍。无背沟（图2-32、图2-33）。

雄虫（n=10）：体长15.19~18.94（17.86）mm，最大体宽0.73~0.85（0.81）mm。食道长0.94~1.05（1.01）mm，最大宽度为0.25~0.30（0.28）mm。神经环距头端0.43~0.49（0.47）mm；颈乳突距头端1.28~1.39（1.35）mm；排泄孔距头端1.46~1.54（1.52）mm。雄虫尾部具有发达的交合伞，由一个稍长的背叶和两个卵圆形的侧叶组成，背叶和侧叶分界明显。交合伞自外背肋基部至背肋末端的长度为0.67~0.82（0.79）mm。交合刺1对，长3.41~3.90（3.68）mm。引器长0.28~0.36（0.31）mm。生殖锥较长，圆锥形，延伸超过交合伞侧叶。生殖锥由腹唇和背唇组成，两唇之间的横裂即为泄殖孔。腹唇显著长而宽，背唇狭短，两侧各有一个绒球状附属物。

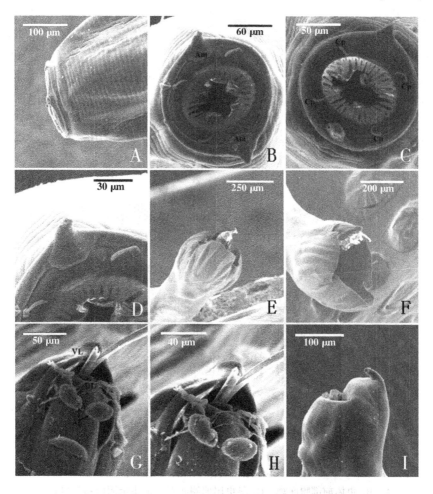

图2-33 耳状杯环线虫扫描电镜图谱
A. 虫体前部侧面观　B、C. 头部顶面观　D. 外叶冠和亚中乳突　E. 雄虫尾部背面观　F. 雄虫尾部侧面观　G、H. 生殖锥背面观　I. 雌虫尾部侧面观
Am. 头感器　Cp. 亚中乳突　VL. 腹唇　DL. 背唇　Ap. 附属物

雌虫（n=10）：体长21.19~24.83（23.92）mm，最大体宽0.78~0.92（0.85）

mm。食道长 1.07~1.22（1.16）mm，最大宽度为 0.28~0.32（0.30）mm。神经环距头端 0.43~0.49（0.46）mm；颈乳突距头端 1.40~1.46（1.44）mm；排泄孔距头端 1.81~2.05（1.98）mm。阴道长 1.05~1.21（1.14）mm。雌虫尾部直而粗壮，尾极短，尾尖呈指形。阴门卵圆形，阴门距肛门 0.17~0.20（0.19）mm。肛门横裂，呈月牙形，肛门距尾端 0.16~0.18（0.17）mm。

19. 短口囊杯环线虫 Cylicocyclus brevicapsulatus（Ihle，1920）

口领显著，头部顶面观呈圆形。在口领顶端的两个正侧方各有 1 个头感器，头感器小，稍微隆起，突出于口领表面。2 个头感器之间对称排列着 4 个亚中乳突，乳突顶端尖，呈子弹形。口孔较小，近似圆形。外叶冠由 42~48 片长而尖的小叶组成。内叶冠短小，数目为 50~65 片小叶。口囊极短，无背沟。食道漏斗狭窄（图 2-34）。

雌虫（n=3）：体长 9.86~12.01（11.42）mm，最大体宽 0.73~0.85（0.81）mm。食道长 0.64~0.69（0.67）mm。神经环距头端 0.41~0.52（0.46）mm；颈乳突距头端 0.53~0.65（0.58）mm。阴道长 0.25~0.28（0.26）mm。雌虫尾部直，尾尖呈指形。阴门卵圆形，阴门距尾端 0.53~0.66（0.62）mm。肛门横裂，呈月牙形，肛门距尾端 0.27~0.36（0.32）mm。

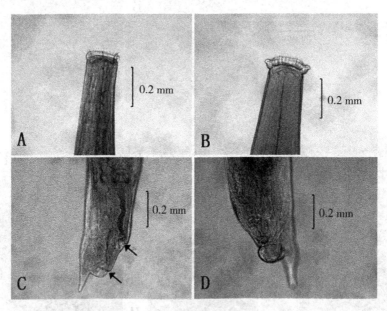

图 2-34 短口囊杯环线虫光镜图谱
A、B. 虫体前部腹面观　C. 雌虫尾部侧面观（箭头示阴门和肛门）
D. 雌虫尾部腹面观

20. 长形杯环线虫 Cylicocyclus elongatus（Looss，1900）

口领较低，头部顶面观呈圆形。在口领顶端的两个正侧方各有 1 个头感器，头感器小，中间有 1 条裂缝，头感器周围角皮隆起，突出于口领之上。2 个头感器之间对称排列着 4 个亚中乳突，乳突长 15~18（17）μm，由体部和顶部组成，顶部呈子弹形。

口孔小，近似椭圆形。外叶冠由约 50 片相对窄而长的小叶组成，小叶长 28~30（29）μm，基部宽 3~4（3.5）μm，小叶末端尖，自中部向外翻卷。外叶冠的起始部位低于口领表面。内叶冠数目很多，起始于口囊壁的前缘附近。口囊近似矩形，宽度明显大于深度，其后缘增厚为一个明显的环箍。无背沟。食道漏斗宽阔，呈三角形（图 2-35、图 2-36）。

雄虫（n = 3）：体长 11.77~13.24（12.65）mm，最大体宽 0.56~0.69（0.61）mm。食道长 1.12~1.23（1.18）mm，最大宽度为 0.21~0.25（0.23）mm。颈乳突距头端 0.56~0.59（0.57）mm。雄虫尾部具有发达的交合伞，由一个特别长的背叶和两个短的卵圆形侧叶组成，背叶和侧叶分界明显。交合伞自外背肋基部至背肋末端的长度为 1.67~1.93（1.85）mm。交合刺 1 对，长 2.14~2.27（2.20）mm。引器长 0.27~0.32（0.29）mm。生殖锥短，卵圆形，由腹唇和背唇组成，两唇之间的横裂即为泄殖孔。背唇上分布着半环卵圆形附属物。

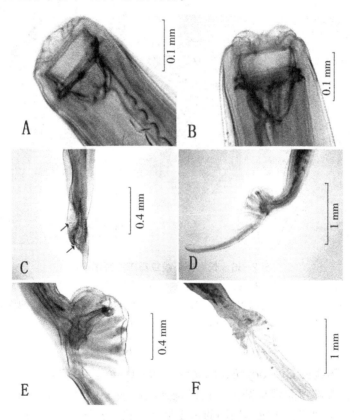

图 2-35　长形杯环线虫光镜图谱
A. 头部侧面观　B. 头部腹面观　C. 雌虫尾部侧面观（箭头示阴门和肛门）　D、E. 雄虫尾部侧面观　F. 雄虫尾部腹面观

雌虫（n = 3）：体长 12.14~13.58（13.26）mm，最大体宽 0.67~0.79（0.72）mm。食道长 1.28~1.39（1.33）mm，最大宽度为 0.22~0.27（0.25）mm。颈乳突距头端 0.58~0.61（0.59）mm。雌虫尾部直，尾尖呈指形。阴门卵圆形，阴门距肛门

0.17~0.19（0.18）mm。肛门横裂，呈月牙形，肛门距尾端0.21 mm。

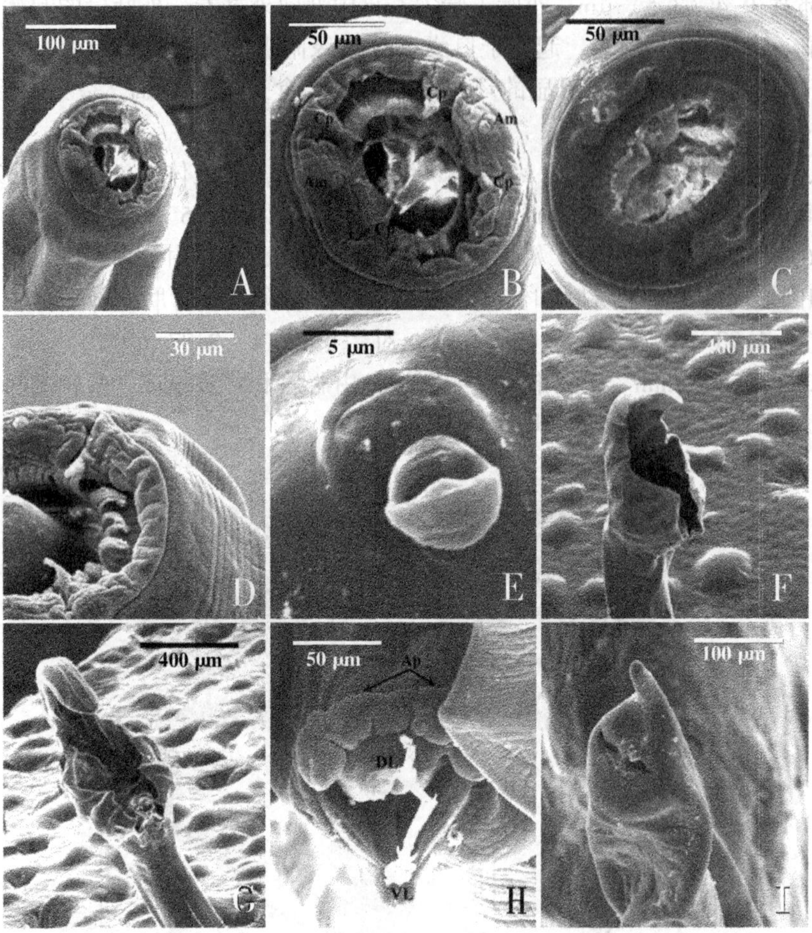

图 2-36　长形杯环线虫扫描电镜图谱
A. 虫体前部侧面观　B、C. 头部顶面观　D. 外叶冠　E. 头感器　F. 雄虫尾部侧面观　G. 雄虫尾部腹面观　H. 生殖锥背面观　I. 雌虫尾部侧面观
Am. 头感器　Cp. 亚中乳突　VL. 腹唇　DL. 背唇　Ap. 附属物

21. 显形杯环线虫 Cylicocyclus insigne（Boulenger, 1917）

口领显著，头部顶面观呈圆形。在口领顶端的两个正侧方各有1个头感器，头感器小，中间有1条裂缝，头感器周围的角皮呈隆起状。2个头感器之间对称排列着4个亚中乳突，乳突长21~25（23）μm，突出于口领之上，由体部和顶部组成，顶部呈子弹形。口孔较大，近似圆形，直径为75~86（83）μm。外叶冠由40片左右小叶组成，小叶长21~24（23）μm，基部宽2~3（2.5）μm，小叶末端尖，自中部向外翻卷。外叶冠的起始部位稍低于口领表面。内叶冠数目很大，起始于口囊壁的前缘。口囊呈矩形，口囊壁前薄后厚，其后缘增厚为一个明显的环箍。无背沟。食道呈花瓶状（图 2-37、图 2-38）。

雄虫（n=10）：体长 10.81~11.35（11.14）mm，最大体宽 0.58~0.69（0.62）mm。食道长 0.68~0.85（0.78）mm，前端部宽 0.15~0.20（0.17）mm，后端膨大部宽 0.21~0.27（0.25）mm。神经环距头端 0.37~0.42（0.39）mm；排泄孔距头端 0.52~0.60（0.56）mm；颈乳突距头端 0.53~0.59（0.57）mm。雄虫尾部具有发达的交合伞，由一个稍长的背叶和两个卵圆形的侧叶组成，背叶和侧叶分界不明显。交合伞自外背肋基部至背肋末端的长度为 0.76~0.94（0.84）mm。交合刺长 2.57~2.78（2.68）mm。引器长 0.32~0.39（0.37）mm。生殖锥短小，卵圆形，由腹唇和背唇组成，两唇之间的横裂即为泄殖孔。生殖锥后部两侧各有 1 个长而尖的突起，背唇上有一个厚的长弧形实质附属物。

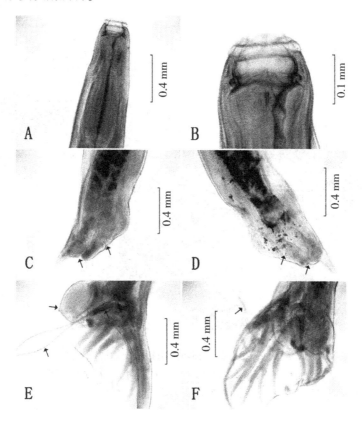

图 2-37　显形杯环线虫光镜图谱
A. 虫体前部侧面观　B. 头部侧面观　C. 雌虫尾部侧面观（箭头示阴门和肛门）　D. 雌虫尾部腹面观（箭头示阴门和肛门）　E. 雄虫尾部侧面观（箭头从左到右分别是交合刺、生殖锥和引器）　F. 雄虫尾部腹面观（箭头示交合刺）

雌虫（n=10）：体长 11.36~12.73（12.54）mm，最大体宽 0.69~0.75（0.73）mm。食道长 0.86~0.94（0.91）mm，前端部宽 0.20~0.25（0.23）mm，后端膨大部宽 0.26~0.32（0.29）mm。神经环距头端 0.42~0.47（0.45）mm；排泄孔距头端 0.60~0.63（0.62）mm；颈乳突距头端 0.59~0.62（0.61）mm。阴道长 0.74~1.08

(0.96) mm。雌虫尾部稍弯向背侧，尾尖呈指形。阴门卵圆形，阴门距肛门 0.16～0.21 (0.19) mm。肛门横裂，呈月牙形，肛门距尾端 0.17～0.19 (0.18) mm。

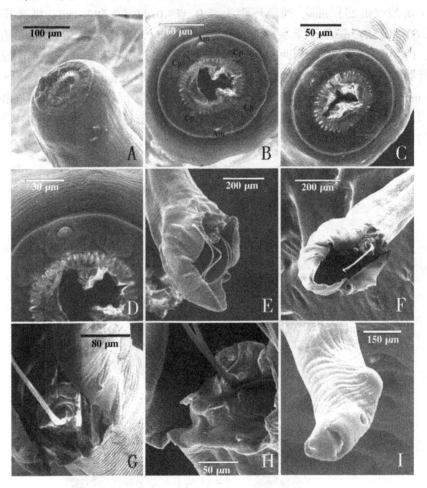

图 2-38 显形杯环线虫扫描电镜图谱
A. 虫体前部侧面观　B、C. 头部顶面观　D. 外叶冠　E. 雄虫尾部侧面观
F. 雄虫尾部腹面观　G、H. 生殖锥腹面观　I. 雌虫尾部侧面观　Am. 头感器　Cp. 亚中乳突

22. 细口杯环线虫 Cylicocyclus leptostomus (Kotlan, 1920)

口领较低，头部顶面观呈圆形。在口领顶端的两个正侧方各有 1 个头感器，头感器小，稍微隆起，突出于口领表面。2 个头感器之间对称排列着 4 个亚中乳突，乳突顶端尖，呈子弹形。口孔较小，近似圆形。外叶冠由 20～24 片小叶组成。内叶冠细小，起始于口囊壁的前缘，有 50～60 片小叶。口囊呈圆柱形，宽度大于深度。背沟较短（图 2-39）。

雄虫 (n=5)：体长 5.95～6.21 (6.02) mm，最大体宽 0.24～0.30 (0.28) mm。

食道长 0.49~0.56（0.52）mm。神经环距头端 0.23~0.28（0.25）mm；颈乳突距头端 0.32~0.36（0.33）mm。雄虫尾部具有发达的交合伞，由一个较长的背叶和两个卵圆形的侧叶组成，背叶和侧叶分界不明显。交合伞自外背肋基部至背肋末端的长度为 0.41~0.45（0.43）mm。交合刺 1 对，长 1.07~1.18（1.12）mm。引器长 0.16~0.18（0.17）mm。生殖锥较长，圆锥形，延伸超过交合伞侧叶。生殖锥附属物卵圆形，其上分布数个指状突起。

雌虫（n=5）：体长 6.24~7.02（6.92）mm，最大体宽 0.34~0.36（0.35）mm。食道长 0.52~0.65（0.61）mm。神经环距头端 0.27~0.32（0.29）mm；颈乳突距头端 0.34~0.38（0.36）mm。雌虫尾部直，尾尖呈指形。阴门卵圆形，阴门距尾端 0.21~0.26（0.24）mm。肛门横裂，呈月牙形，肛门距尾端 0.10~0.12（0.11）mm。

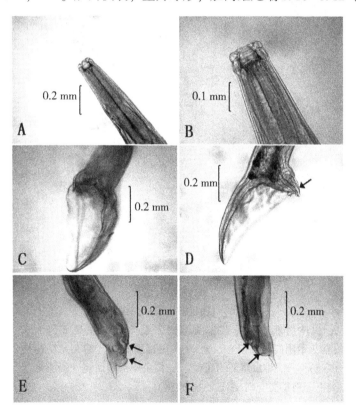

图 2-39　细口杯环线虫光镜图谱
A、B. 虫体前部腹面观　C、D. 雄虫尾部侧面观（箭头示生殖锥）　E、F. 雌虫尾部侧面观（箭头示阴门和肛门）

23. 鼻状杯环线虫 *Cylicocyclus nassatus*（Looss，1900）

口领显著，头部顶面观呈圆形。在口领顶端的两个正侧方各有 1 个头感器，头感器小，中间有 1 条裂缝，头感器基部角皮隆起。2 个头感器之间对称排列着 4 个亚中乳突，乳突长 11~12（11.5）μm，突出于口领之上，由体部和顶部组成，顶部呈子弹形。口孔较小，近似椭圆形。外叶冠由 20 片三角形小叶组成，小叶长 11~13（12）μm，基部宽 6~8（7）μm，小叶自基部向外翻卷。外叶冠起始部位处于口领水平表面。内叶冠起始于口领基部，约为 60 片。口囊近似矩形，口囊内壁突出一角质横板。背沟约为口囊深度的 1/2 或略高于 1/2（图 2-40、图 2-41）。

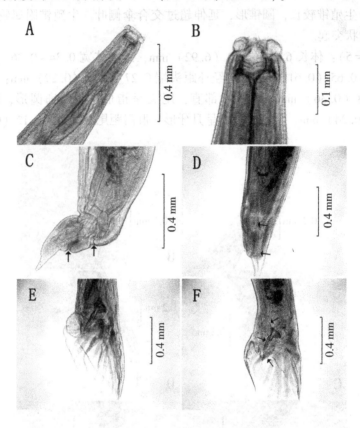

图 2-40 鼻状杯环线虫光镜图谱
A. 虫体前部腹面观 B. 头部侧面观 C. 雌虫尾部侧面观（箭头示阴门和肛门） D. 雌虫尾部腹面观（箭头示阴门和肛门） E. 雄虫尾部侧面观 F. 雄虫尾部腹面观（箭头从上到下分别是交合刺、引器和生殖锥）

雄虫（n=10）：体长 8.65~9.21（9.02）mm，最大体宽 0.34~0.38（0.36）mm。食道长 0.59~0.64（0.62）mm，前端部宽 0.08~0.10（0.09）mm，后端膨大部宽 0.14~0.16（0.15）mm。神经环距头端 0.28~0.32（0.30）mm；颈乳突距头端 0.42~0.47（0.43）mm。雄虫尾部具有发达的交合伞，由一个稍长的背叶和两个卵圆形的侧叶组成，背叶和侧叶分界不明显。交合伞自外背肋基部至背肋末端的长度为 0.43~0.51（0.49）mm。交合刺 1 对，长 1.95~2.14（2.11）mm。引器长 0.21~0.27（0.25）mm。生殖锥圆锥形，由腹唇和背唇组成，两唇之间的横裂即为泄殖孔。背唇上有 1 对球形附属物。

雌虫（n=10）：体长 9.84~11.07（9.92）mm，最大体宽 0.43~0.47（0.46）

mm。食道长0.62~0.70（0.67）mm，前端部宽0.09~0.13（0.11）mm，后端膨大部宽0.15~0.21（0.19）mm。神经环距头端0.31~0.34（0.32）mm；颈乳突距头端0.44~0.52（0.50）mm。阴道长0.44~0.50（0.48）mm。雌虫尾部稍弯向背侧，尾尖呈指形。阴门卵圆形，阴门距肛门0.11~0.13（0.12）mm。肛门横裂，呈月牙形，肛门距尾端0.17~0.21（0.18）mm。

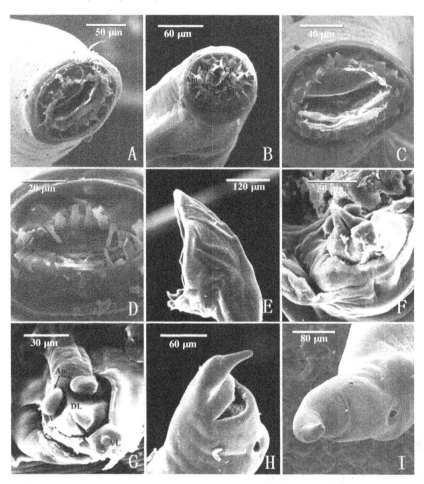

图2-41 鼻状杯环线虫扫描电镜图谱
A、B、C. 头部顶面观　D. 外叶冠和亚中乳突　E. 雄虫尾部侧面观　F. 生殖锥腹面观　G. 生殖锥背面观　H. 雌虫尾部侧面观　I. 雌虫尾部腹面观
Am. 头感器　Cp. 亚中乳突　VL. 腹唇　DL. 背唇　Ap. 附属物

24. 外射杯环线虫 *Cylicocyclus ultrajectinus* (Ihle，1920)

口领显著，头部顶面观呈圆形。在口领顶端的两个正侧方各有1个头感器，头感器小，中间有1条裂缝。2个头感器之间对称排列着4个亚中乳突，乳突顶端尖，呈子弹形。口孔较大，近似圆形。外叶冠由10~12片宽而长的小叶组成。内叶冠起始于口囊壁的前缘，约有46片小叶，其中10~12片小叶较长，每两片长的小叶之间夹有2~3

片较短的小叶。口囊呈圆柱形,宽度大于深度,其后缘增厚为 1 个明显的环箍。无背沟。食道漏斗比较发达(图 2-42)。

雌虫(n = 3):体长 14.34~15.12(14.92)mm,最大体宽 1.13~1.26(1.20)mm。食道长 0.72~0.85(0.81)mm,前端部宽 0.23~0.25(0.24)mm,后端膨大部宽 0.27~0.29(0.28)mm。神经环距头端 0.42~0.45(0.43)mm;颈乳突距头端 0.64~0.78(0.76)mm。雌虫尾部直,尾尖呈圆锥形。阴门卵圆形,阴门距尾端 0.48~0.56(0.52)mm。肛门横裂,呈月牙形,肛门距尾端 0.20~0.24(0.22)mm。

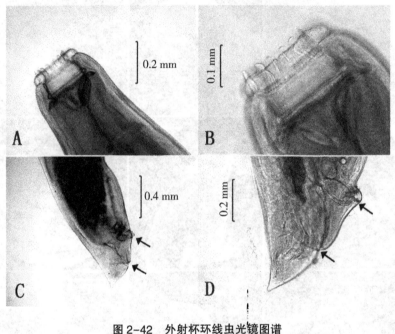

图 2-42 外射杯环线虫光镜图谱
A、B. 虫体头部腹面观 C、D. 雌虫尾部侧面观(箭头示阴门和肛门)

杯冠属 *Cylicostephanus* Ihle,1922

属的特征:虫体较小。口领显著,呈环形,分为内环和外环。口领的后缘位于口囊前缘之后。4 个亚中乳突相对较小,乳突顶端尖,呈圆锥形或子弹形。外叶冠比内叶冠小叶长,但数量较少或几乎相等。口囊壁直或呈 S 形,后端稍厚。口囊宽度大于深度,或等于深度,或小于深度。背沟短,呈纽扣状,或者伸向口囊内。交合伞中等长度或较长,背肋分为 6 支,腹肋与侧肋的长度比在种间变化较大,但背叶长于侧叶。引器手枪状,具有沟槽。生殖锥短,卵圆形。交合刺 1 对,等长,末端有钩。尾部直,尾尖卵圆形或指形。

25. 小杯杯冠线虫 *Cylicostephanus calicatus* (Looss, 1900)

口领中等高度,头部顶面观呈圆形。在口领顶端的两个正侧方各有 1 个头感器,头感器小,稍微隆起,中间有 1 条裂缝。2 个头感器之间对称排列着 4 个亚中乳突,乳突长 5~7（6）μm，突出于口领之上，由体部和顶部组成，顶部呈圆锥形。口孔较小，近似圆形，直径为 20~22（21）μm。外叶冠由 18 个小叶组成，小叶长 8~11（10）μm，基部宽 2~4（3）μm，小叶末端钝圆，自基部向外翻卷。外叶冠的起始部位处于口领水平表面。内叶冠起始于口囊内壁前 1/8（或 1/7），数目约为外叶冠的 1 倍。口囊呈圆柱状，深度大于宽度。具发达的背沟（图 2-43、图 2-44）。

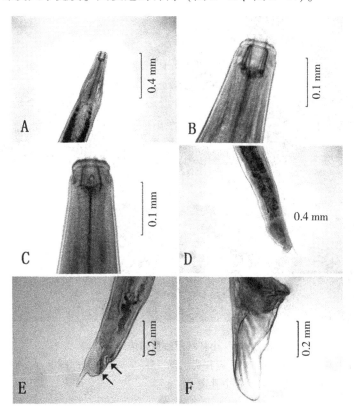

图 2-43 小杯杯冠线虫光镜图谱
A. 虫体前部侧面观　B. 头部腹面观　C. 头部侧面观　D. 雌虫尾部腹面观　E. 雌虫尾部侧面观（箭头示阴门和肛门）
F. 雄虫尾部侧面观

雄虫（n=3）：体长 6.41~7.32（6.84）mm，最大体宽 0.28~0.30（0.29）mm。食道长 0.29~0.32（0.31）mm，前端部宽 0.05~0.07（0.06）mm，后端膨大部宽 0.08~0.10（0.09）mm。神经环距头端 0.17~0.19（0.18）mm；排泄孔距头端 0.27~0.31（0.28）mm；颈乳突距头端 0.30~0.32（0.31）mm。雄虫尾部具有发达的交合伞，由一个稍长的背叶和两个卵圆形的侧叶组成，背叶和侧叶分界明显。交合伞自外背肋基部至背肋末端的长度为 0.52~0.54（0.53）mm。交合刺长 0.85~0.98（0.93）mm。引器长 0.13~0.16（0.15）mm。生殖锥圆锥形，由腹唇和背唇组成，两唇之间的横裂即为泄殖孔。背唇上有许多指状附属物。

雌虫（n=3）：体长 6.96~7.80（7.56）mm，最大体宽 0.31~0.33（0.32）mm。

食道长 0.34~0.37（0.36）mm，前端部宽 0.06~0.08（0.07）mm，后端膨大部宽 0.09~0.11（0.10）mm。神经环距头端 0.19~0.21（0.20）mm；排泄孔距头端 0.31~0.34（0.32）mm；颈乳突距头端 0.32~0.34（0.33）mm。阴道长 0.26~0.32（0.28）mm。雌虫尾部直，尾尖呈指形。阴门卵圆形，阴门距肛门 0.05~0.07（0.06）mm。肛门横裂，呈月牙形，肛门距尾端 0.08~0.10（0.09）mm。

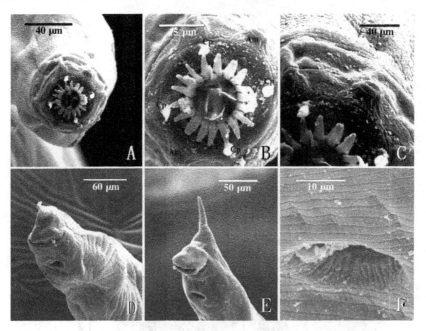

图 2-44 小杯杯冠线虫扫描电镜图谱
A、B. 头部顶面观 C. 外叶冠和头感器 D、E. 雌虫尾部腹面观 F. 雌虫阴门 Am. 头感器 Cp. 亚中乳突

26. 高氏杯冠线虫 Cylicostephanus goldi（Boulenger，1917）

口领显著，头部顶面观呈圆形。在口领顶端的两个正侧方各有 1 个头感器，头感器小，稍微隆起，中间有 1 条裂缝。2 个头感器之间对称排列着 4 个亚中乳突，乳突长 9~11（10）μm，突出于口领之上，由体部和顶部组成，顶部呈子弹形。口孔较小，近似圆形，直径为 28~33（31）μm。外叶冠由 19 个小叶组成，小叶长 20~23（22）μm，基部宽 3~5（4）μm，小叶末端平钝，向外翻卷。外叶冠的起始部位处于口领水平表面。内叶冠起始于口囊壁的前缘，30~34 片小叶。口囊前后宽度大体一致。食道漏斗内有 3 个小三角形齿板，突入口囊基部。背沟很短（图 2-45、图 2-46）。

雄虫（n=10）：体长 6.57~7.22（6.97）mm，最大体宽 0.34~0.39（0.36）mm。食道长 0.37~0.41（0.39）mm，前端部宽 0.07~0.09（0.08）mm，后端膨大部宽 0.09~0.11（0.10）mm。神经环距头端 0.21~0.23（0.22）mm；排泄孔距头端 0.32~0.36（0.35）mm；颈乳突距头端 0.34~0.38（0.36）mm。雄虫尾部具有发达的交合伞，交合伞边缘呈锯齿状，由一个稍长的背叶和两个卵圆形的侧叶组成，背叶和侧叶

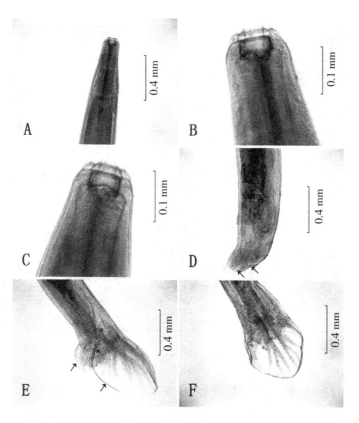

图 2-45 高氏杯冠线虫光镜图谱
A. 虫体前部侧面观 B. 头部侧面观 C. 头部腹面观 D. 雌虫尾部侧面观（箭头示阴门和肛门） E. 雄虫尾部侧面观（箭头从上到下分别是引器、生殖锥和交合刺） F. 雄虫尾部腹面观

分界不明显。交合伞自外背肋基部至背肋末端的长度为 0.44~0.49（0.47）mm。交合刺长 0.78~0.90（0.84）mm。引器长 0.17~0.21（0.19）mm。生殖锥长，由腹唇和背唇组成，两唇之间的横裂即为泄殖孔。背唇上有数个长短不一的指状附属物。

雌虫（n=10）：体长 7.42~8.56（8.32）mm，最大体宽 0.41~0.48（0.45）mm。食道长 0.42~0.46（0.44）mm，前端部宽 0.09~0.11（0.10）mm，后端膨大部宽 0.12~0.14（0.13）mm。神经环距头端 0.24~0.26（0.25）mm；排泄孔距头端 0.37~0.43（0.41）mm；颈乳突距头端 0.41~0.44（0.42）mm。阴道长 0.25~0.29（0.27）mm。雌虫尾部弯向背侧，尾尖呈指形。阴门卵圆形，阴门距肛门 0.09~0.12（0.11）mm。肛门横裂，呈月牙形，肛门距尾端 0.11~0.13（0.12）mm。

27. 长伞杯冠线虫 Cylicostephanus longibursatus（Yorke and Macfie, 1918）

口领中等高度，头部顶面观呈圆形。在口领顶端的两个正侧方各有 1 个头感器，头感器小，稍微隆起，中间有 1 条裂缝。2 个头感器之间对称排列着 4 个亚中乳突，乳突长 6~7（6.5）μm，突出于口领之上，由体部和顶部组成，顶部呈子弹形。口孔较

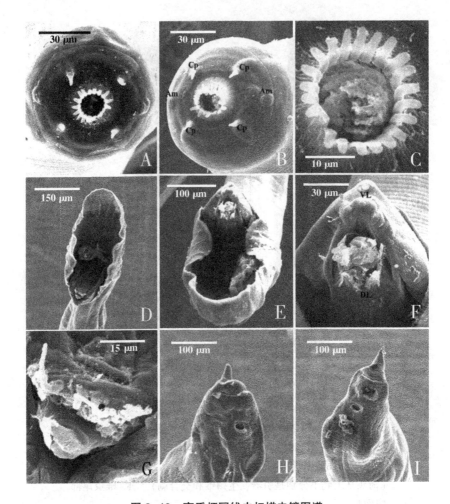

图 2-46　高氏杯冠线虫扫描电镜图谱
A、B. 头部顶面观　C. 外叶冠　D、E. 雄虫尾部腹面观　F. 生殖锥背面观
G. 生殖锥附属物　H. 雌虫尾部侧面观　I. 雌虫尾部腹面观　Am. 头感器
Cp. 亚中乳突　VL. 腹唇　DL. 背唇

小，近似圆形，直径为 25~30（28）μm。外叶冠由 18 片小叶组成，小叶长 12~14（13）μm，小叶末端尖，向外翻卷。外叶冠的起始部位处于口领水平表面。内叶冠数目与外叶冠相等。口囊前窄后宽，呈梯形。背沟很短（图2-47、图2-48）。

雄虫（n=10）：体长 6.21~6.84（6.63）mm，最大体宽 0.24~0.27（0.26）mm，食道长 0.32~0.35（0.33）mm，前端部宽 0.05~0.07（0.06）mm，后端膨大部宽 0.07~0.09（0.08）mm。神经环距头端 0.19~0.21（0.20）mm；排泄孔距头端 0.26~0.28（0.27）mm；颈乳突距头端 0.27~0.29（0.28）mm。雄虫尾部具有发达的交合伞，由一个特别长的背叶和两个卵圆形的侧叶组成，背叶和侧叶分界明显。交合伞自外背肋基部至背肋末端的长度为 0.73~0.85（0.78）mm。交合刺长 0.54~0.75（0.69）mm。引器长 0.16~0.20（0.18）mm。生殖锥短小，由腹唇和背唇组成，两唇之间的横裂即为泄殖孔。

雌虫（n=10）：体长 6.53~7.64（7.32）mm，最大体宽 0.27~0.31（0.29）mm。食道长 0.33~0.37（0.36）mm，前端部宽 0.06~0.08（0.07）mm，后端膨大部宽 0.08~0.11（0.09）mm。神经环距头端 0.19~0.21（0.20）mm；排泄孔距头端 0.30~0.34（0.32）mm；颈乳突距头端 0.32~0.35（0.34）mm。阴道长 0.29~0.34（0.32）mm。雌虫尾部直，尾尖呈指形。阴门卵圆形，阴门距肛门 0.06~0.09（0.08）mm。肛门横裂，呈月牙形，肛门距尾端 0.12~0.14（0.13）mm。

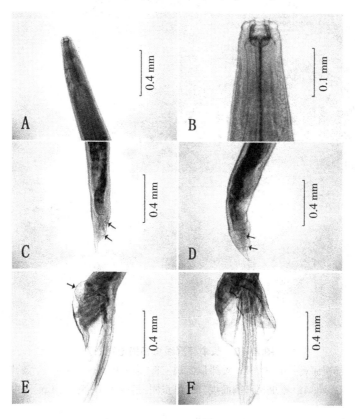

图 2-47 长伞杯冠线虫光镜图谱
A. 虫体前部侧面观 B. 头部腹面观 C. 雌虫尾部侧面观（箭头示阴门和肛门） D. 雌虫尾部腹面观（箭头示阴门和肛门） E. 雄虫尾部侧面观（箭头从左到右分别是生殖锥和引器） F. 雄虫尾部腹面观

28. 微小杯冠线虫 *Cylicostephanus minutus*（Yorke and Macfie, 1918）

口领较低，头部顶面观呈圆形。在口领顶端的两个正侧方各有 1 个头感器，头感器小，稍微隆起，中间有 1 条裂缝。2 个头感器之间对称排列着 4 个亚中乳突，乳突长 10~12（11）μm，突出于口领之上，由体部和顶部组成，顶部呈子弹形。口孔较小，近似圆形，直径为 20~23（22）μm。外叶冠由 8 片较宽的小叶组成，小叶长 9~13

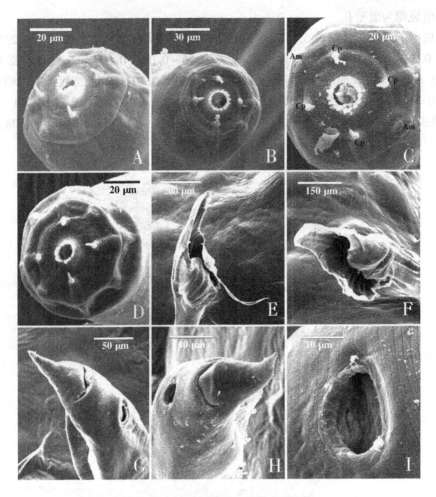

图 2-48 长伞杯冠线虫扫描电镜图谱
A. 头部腹面观 B、C、D. 头部顶面观 E. 雄虫尾部侧面观 F. 雄虫尾部腹面观 G、H. 雌虫尾部侧面观 I. 雌虫阴门 Am. 头感器 Cp. 亚中乳突

(11) μm,基部宽7~8(7.5)μm,小叶末端钝圆,自中部向外翻卷。外叶冠的起始部位处于口领水平表面。内叶冠起始于口囊壁的前缘,约20片小叶。口囊呈梯形。背沟发达(图2-49、图2-50)。

雄虫(n=10):体长4.75~5.12(4.97)mm,最大体宽0.21~0.23(0.22)mm。食道长0.29~0.32(0.31)mm,前端部宽0.04~0.06(0.05)mm,后端膨大部宽0.06~0.08(0.07)mm。神经环距头端0.17~0.19(0.18)mm;排泄孔距头端0.26~0.29(0.27)mm;颈乳突距头端0.27~0.29(0.28)mm。雄虫尾部交合伞短阔,背叶和侧叶几乎等长,分界不明显。交合伞自外背肋基部至背肋末端的长度为0.18~0.20(0.19)mm。交合刺长0.59~0.71(0.66)mm。引器长0.09~0.11(0.10)mm。生殖锥短小,由腹唇和背唇组成,两唇之间的横裂即为泄殖孔。

雌虫(n=10):体长6.31~6.53(6.43)mm,最大体宽0.24~0.30(0.28)mm。

食道长0.33～0.36（0.35）mm，前端部宽0.04～0.06（0.05）mm，后端膨大部宽0.06～0.08（0.07）mm。神经环距头端0.18～0.22（0.20）mm；排泄孔距头端0.27～0.30（0.28）mm；颈乳突距头端0.29～0.31（0.30）mm。阴道长0.11～0.14（0.13）mm。雌虫尾部直，尾尖细小。阴门卵圆形，阴门距肛门0.07～0.09（0.08）mm。肛门横裂，呈月牙形，肛门距尾端0.08～0.10（0.09）mm。

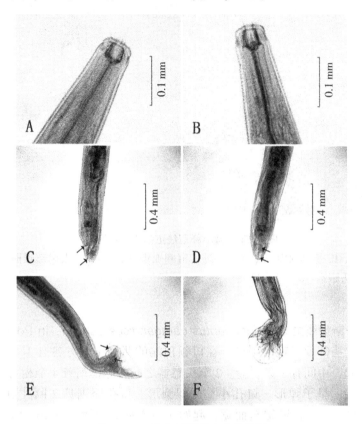

图 2-49　微小杯冠线虫光镜图谱
A. 头部侧面观　B. 头部腹面观　C. 雌虫尾部侧面观（箭头示阴门和肛门）　D. 雌虫尾部腹面观（箭头示阴门和肛门）
E. 雄虫尾部侧面观（箭头从左到右分别是生殖锥和引器）
F. 雄虫尾部腹面观

斯齿属 Skrjabinodentus Tshoijo, in Popova, 1958

属的特征：虫体较小。口领显著，呈环形，分为内环和外环。口领的后缘位于口囊前缘之前。4个亚中乳突相对较长，突出于口领表面。乳突顶端尖，呈纺锤形或子弹形。外叶冠与内叶冠小叶等长，但数量较少或相等。口囊壁S形，前端极度增厚。口囊宽度大于深度，尤其后端较宽。背沟较发达，为口囊深度的1/3～2/3，口囊内无齿。雄虫交合伞中等长度，背叶长于侧叶。引器柄部退化，远端具翼。生殖锥较长，向外伸出交合伞边缘。交合刺1对，等长，末端有钩。雌虫阴门靠近肛门，尾部直。

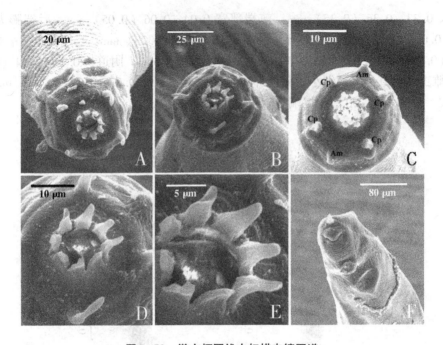

图 2-50 微小杯冠线虫扫描电镜图谱
A、B、C. 头部顶面观　D、E. 外叶冠和亚中乳突　F. 雌虫尾部腹面观
Am. 头感器　Cp. 亚中乳突

29. 卡拉干斯齿线虫 Skrjabinodentus caragandicus Tshoijo, in Popova, 1958

口领显著，头部顶面观呈圆形。在口领顶端的两个正侧方各有1个头感器，头感器小，稍微隆起，中间有1条裂缝。2个头感器之间对称排列着4个相对较长的亚中乳突，乳突顶端尖，呈子弹形。口孔小，近似圆形。口孔周围具2圈叶冠，外叶冠由8片长而宽的小叶组成。内叶冠短而宽，起始于口囊壁的前缘，有16～18片小叶。口囊近似圆柱形，口囊壁前端极度增厚。背沟为口囊深度的1/3～2/3。食道漏斗发达，具有1个大的背食道齿和2个亚腹食道齿（图2-51）。

雄虫（n=2）：体长9.85～9.90（9.88）mm，最大体宽0.54mm。食道长0.34～0.36（0.35）mm，前端部宽0.08～0.10（0.09）mm，后端膨大部宽0.11～0.13（0.12）mm。神经环距头端0.18mm；颈乳突距头端0.26mm。雄虫尾部交合伞短阔，背叶稍长于侧叶，背叶和侧叶分界不明显。交合伞自外背肋基部至背肋末端的长度为0.46mm。交合刺1对，长1.07mm。引器长0.21mm。生殖锥较长，圆锥形，延伸超过交合伞侧叶。

彼得洛夫属 Petrovinema Erschow, 1943

属的特征：中型至大型虫体。口领显著，较高，呈环形，分为内环和外环。口领的后缘位于口囊前缘之前。4个亚中乳突相对较小，乳突顶端尖，呈纺锤形或子弹形。内叶冠与外叶冠小叶几乎等长，但数量是外叶冠的3倍甚至更多。口囊壁直，后端极

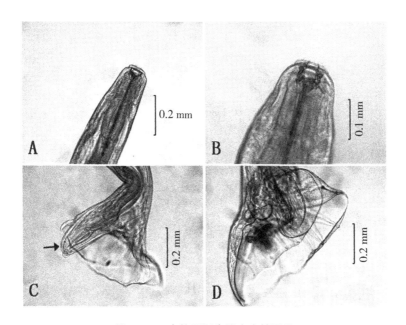

图 2-51　卡拉干斯齿线虫光镜图谱
A. 虫体前部腹面观　B. 头部腹面观　C. 雄虫尾部侧面观（箭头示生殖锥）　D. 雄虫尾部腹面观

度增厚。口囊深度大于或等于宽度。背沟乳头状或纽扣状，口囊内无齿。雄虫交合伞中等长度，边缘锯齿状。背肋分为6支，腹肋比侧肋短，背叶长于侧叶。生殖锥较长，向外伸出交合伞边缘。交合刺1对，等长，末端有钩。雌虫阴门靠近肛门，尾端卵圆形或指形。

30. 杯状彼得洛夫线虫 *Petrovinema poculatum*（Looss，1900）

口领低平，头部顶面观呈圆形。在口领顶端的两个正侧方各有1个头感器，头感器小，稍微隆起，突出于口领表面。2个头感器之间对称排列着4个亚中乳突，乳突顶端尖，呈子弹形。口孔小，近似圆形。口孔周围具2圈叶冠，外叶冠由30~36片小叶组成。内叶冠细小，起始于口囊壁前缘稍后方，约84片小叶。口囊呈圆柱形，口囊壁直，后端极度增厚，口囊深度大于宽度。口囊侧壁中部有一个伸向口囊内腔的横脊。无背沟（图2-52）。

雌虫（n=1）：体长12.20mm，最大体宽0.49mm。食道长0.86mm。神经环距头端0.45mm；颈乳突距头端0.67mm。雌虫尾部直，尾尖呈指形。阴门卵圆形，阴门距尾端0.52mm。肛门横裂，呈月牙形，肛门距尾端0.32mm。

杯口属 *Poteriostomum* Quiel 1919

属的特征：虫体中等大小。口领显著，较高，呈环形。口领的后缘位于口囊前缘。4个亚中乳突相对较小，乳突顶端尖，呈圆锥形。外叶冠比内叶冠小叶短，但数量较多。角质支环半环形。口囊壁直，后端增厚。口囊圆柱状，口囊宽度大于深度。背沟

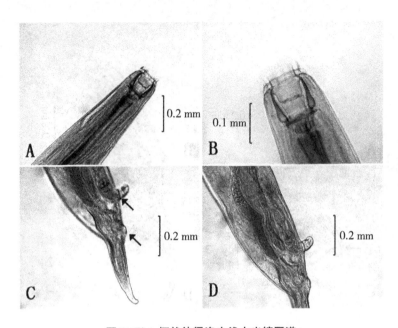

图 2-52 杯状彼得洛夫线虫光镜图谱
A. 虫体前部侧面观　B. 头部腹面观　C、D. 雌虫尾部侧面观（箭头示阴门和肛门）

发达，约为口囊深度的 1/2，口囊内无齿。雄虫交合伞中等长度，背肋分为 6 支，腹肋比侧肋短，背叶长于侧叶。引器大，具有沟槽。生殖锥短，卵圆形。交合刺 1 对，等长，末端有钩。雌虫尾部直而长，阴门距肛门有的较远，而有的较近。

31. 不等齿杯口线虫 *Poteriostomum imparidentatum* Quiel 1919

口领显著，头部顶面观呈圆形。在口领顶端的两个正侧方各有 1 个头感器，头感器小，中间有 1 条裂缝。2 个头感器之间对称排列着 4 个亚中乳突，乳突顶端尖，呈子弹形。口孔稍大，近似圆形。口孔周围具 2 圈叶冠，外叶冠小且数目较多。内叶冠比外叶冠小叶宽，起始于口囊壁的前缘，38~59 片，其中有 6 片长的小叶，两侧各 1 片，背腹各 2 片。每 2 个长的小叶之间夹有 6~7 片短的小叶。口囊呈圆柱形，宽度大于深度。背沟约为口囊深度的 1/2。食道漏斗发达（图 2-53）。

雄虫（n = 4）：体长 13.95~14.21（14.12）mm，最大体宽 0.64~0.69（0.67）mm。食道长 0.69~0.72（0.70）mm，前端部宽 0.16~0.19（0.18）mm，后端膨大部宽 0.22~0.25（0.23）mm。神经环距头端 0.34~0.38（0.35）mm；颈乳突距头端 0.58mm。雄虫尾部具有发达的交合伞，由一个稍长的背叶和两个卵圆形的侧叶组成，背叶和侧叶分界不明显。交合伞自外背肋基部至背肋末端的长度为 0.65mm。交合刺 1 对，长 1.12~1.24（1.19）mm。引器长 0.28mm。生殖锥短，卵圆形。生殖锥附属物不发达。

雌虫（n = 4）：体长 15.24~16.02（15.82）mm，最大体宽 0.74~0.86（0.78）mm。食道长 0.75~0.81（0.79）mm，前端部宽 0.19~0.23（0.21）mm，后端膨大部

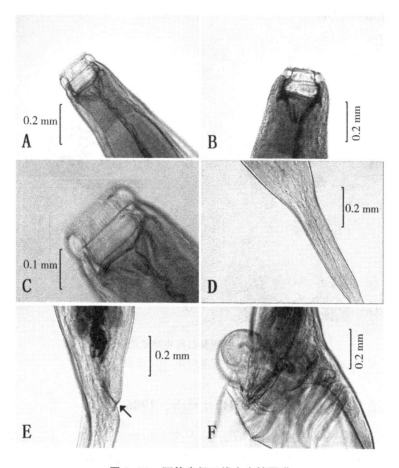

图 2-53　不等齿杯口线虫光镜图谱
A. 虫体前部侧面观　B. 头部背面观　C. 头部侧面观　D. 雌虫尾部背面观　E. 雌虫尾部侧面观（箭头示肛门）　F. 雄虫尾部侧面观

宽 0.26~0.28（0.27）mm。神经环距头端 0.38~0.42（0.40）mm；颈乳突距头端 0.67mm。雌虫尾部细而直。阴门卵圆形，阴门距尾端 1.68~1.80（1.76）mm。肛门横裂，呈月牙形，肛门距尾端 0.69~0.72（0.71）mm。

32. 拉氏杯口线虫 *Poteriostomum ratzii*（Kotlan，1919）

口领显著，头部顶面观呈圆形。在口领顶端的两个正侧方各有 1 个头感器，头感器小，中间有 1 条裂缝。2 个头感器之间对称排列着 4 个亚中乳突，乳突顶端尖，呈子弹形。口孔稍大，近似圆形。口孔周围具 2 圈叶冠，外叶冠小且数目较多。内叶冠起始于口囊壁的前缘，内叶冠小叶等长，比外叶冠宽，38~44 片。口囊呈圆柱形，宽度大于深度。食道漏斗发达（图 2-54）。

雌虫（n=1）：体长 18.75mm，最大体宽 0.98mm。食道长 0.86mm，前端部宽 0.26mm，后端膨大部宽 0.35mm。神经环距头端 0.38mm；颈乳突距头端 0.69mm。雌虫尾部细而直，尾尖圆锥形。阴门卵圆形，阴门距尾端 2.16mm。肛门横裂，呈月牙形，肛门距尾端 0.97mm。

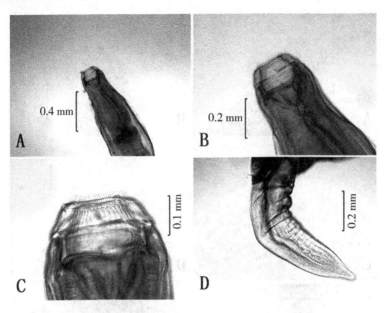

图 2-54 拉氏杯口线虫光镜图谱
A. 虫体前部侧面观　B、C. 头部侧面观　D. 雌虫尾部

副杯口属 *Parapoteriostomum* Hartwich，1986

属的特征：虫体中等大小。口领高，呈环形。口领的后缘位于口囊前缘之前或之后。亚中乳突发达，突出于口领表面。乳突顶端尖，呈子弹形。外叶冠比内叶冠小叶短，但数量较多。从侧面观察时，口囊壁较直；从背腹面观察时，口囊壁呈凸形。口囊宽度大于深度，尤其后端较宽。背沟无或纽扣状，口囊内无齿。食道短而粗壮，食道漏斗内有 3 个食道齿。雄虫交合伞中等长度，背肋分为 6 支，腹肋长于侧肋，背叶比侧叶长。交合刺远端具钩，引器呈简单的凹槽状。雌虫尾部直，阴门靠近肛门。

33. 麦氏副杯口线虫 *Parapoteriostomum mettami*（Leiper, 1913）

口领显著，头部顶面观呈圆形。在口领顶端的两个正侧方各有 1 个头感器，头感器小，中间有 1 条裂缝。2 个头感器之间对称排列着 4 个亚中乳突，乳突顶端尖，呈子弹形。口孔稍大，近似圆形。口孔周围具 2 圈叶冠，外叶冠小叶细长且数目较多。内叶冠起始于口囊壁的前缘，内叶冠小叶等长，比外叶冠宽，36~38 片。口囊呈圆柱形，宽度大于深度。食道漏斗发达（图 2-55）。

雌虫（n = 1）：体长 16.32mm，最大体宽 0.86mm。食道长 0.75mm，前端部宽 0.19mm，后端膨大部宽 0.25mm。神经环距头端 0.42mm；颈乳突距头端 0.62mm。雌虫尾较短，尾尖呈圆锥形。阴门接近肛门，阴门距尾端 0.46mm。肛门横裂，呈月牙形，肛门距尾端 0.24mm。

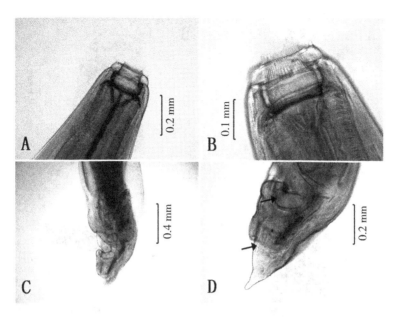

图 2-55　麦氏副杯口线虫光镜图谱

A. 虫体前部侧面观　B. 头部侧面观　C. 雌虫尾部侧面观　D. 雌虫尾部腹面观（箭头示阴门和肛门）

34. 真臂副杯口线虫 Parapoteriostomum euproctus（Boulenger，1917）

口领显著，头部顶面观呈圆形。在口领顶端的两个正侧方各有 1 个头感器，头感器小，中间有 1 条裂缝。2 个头感器之间对称排列着 4 个亚中乳突，乳突短，顶端钝圆，呈小球状。口孔稍大，近似圆形。口孔周围具 2 圈叶冠，外叶冠的小叶长而尖，34~38 片。内叶冠的小叶较外叶冠的小叶长，内叶冠数目为 30~32 片。口囊呈梯形。口囊壁前厚而后薄。无背沟。食道短而粗壮（图 2-56）。

雄虫（n = 1）：体长 6.47mm，最大体宽 0.38mm。食道长 0.37mm，前端部宽 0.11mm，后端膨大部宽 0.14mm。神经环距头端 0.24mm；排泄孔距头端 0.43mm；颈乳突距头端 0.43mm。雄虫交合伞的背叶中等长度，背叶和侧叶分界不明显。交合伞自外背肋基部至背肋末端的长度为 0.41mm。交合刺长 1.90mm。引器长 0.27mm。生殖锥较长，突出于伞膜以外，其后方两侧各有 1 个长的指形突起。

雌虫（n = 2）：体长 7.70~7.86（7.78）mm，最大体宽 0.56~0.58（0.57）mm。食道长 0.41~0.43（0.42）mm，前端部宽 0.13~0.14（0.135）mm，后端膨大部宽 0.16~0.18（0.17）mm。神经环距头端 0.27mm；排泄孔距头端 0.48mm；颈乳突距头端 0.48mm。阴道长 0.34~0.38（0.36）mm。雌虫尾部长而直。阴门卵圆形，阴门距肛门 0.13~0.15（0.14）mm。肛门横裂，呈月牙形，肛门距尾端 0.24mm。

辐首属 *Gyalocephalus* Looss，1900

属的特征：虫体中等大小。口领显著，较高，呈环形，分为内环和外环。口领的

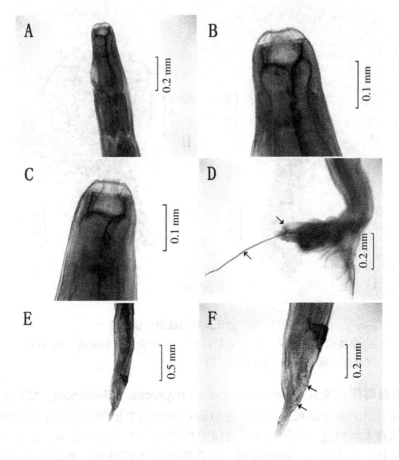

图2-56 真臂副杯口线虫光镜图谱
A. 虫体前部侧面观 B. 头部侧面观 C. 头部腹面观 D. 雄虫尾部侧面观（箭头示生殖锥和交合刺） E、F. 雌虫尾部侧面观（箭头示阴门和肛门）

后缘位于口囊前缘之后。4个亚中乳突相对较小，乳突顶端尖，呈圆锥形。外叶冠比内叶冠小叶短，但数量较多。口囊短，宽度大于深度。背沟不显著，口囊内无齿。食道前端膨大，呈漏斗状。在食道漏斗基部有6个半月形、放射状排列的间隔，以齿状突起深入口囊内，每个间隔的基部有1个小齿。雄虫交合伞中等长度，背肋分为6支，腹肋比侧肋长，背叶长于侧叶。引器较大，具有沟槽。生殖锥较长，向外伸出交合伞边缘。交合刺1对，等长，末端有钩。雌虫阴门靠近肛门，尾部直。

35. 头似辐首线虫 *Gyalocephalus capitatus* Looss，1900

口领显著，头部顶面观呈圆形。在口领顶端的两个正侧方各有1个头感器，头感器小，稍微隆起，突出于口领表面。2个头感器之间对称排列着4个亚中乳突，乳突相对较小，顶端尖，呈圆锥形。口孔小，近似圆形。口孔周围具2圈叶冠，外叶冠短，但数目较多，由90~95片小叶组成。内叶冠比外叶冠长，但数目较少，有30~40片小

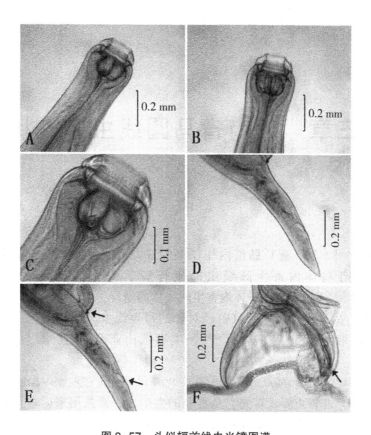

图 2-57　头似辐首线虫光镜图谱
A、B. 虫体前部侧面观　C. 头部侧面观　D、E. 雌虫尾部侧面观（箭头示阴门和肛门）　F. 雄虫尾部腹面观（箭头示生殖锥）

叶。口囊短，宽度大于深度。背沟不显著，口囊内无齿。食道前端膨大，呈漏斗状。在食道漏斗基部有6个半月形、放射状排列的间隔，以齿状突起深入口囊内，每个间隔的基部有1个小齿（图2-57）。

雄虫（n=1）：体长8.95mm，最大体宽0.35mm。食道长0.96mm。神经环距头端0.41mm；颈乳突距头端0.52mm。雄虫尾部具有发达的交合伞，由一个背叶和两个卵圆形的侧叶组成，背叶和侧叶分界不明显。交合伞自外背肋基部至背肋末端的长度为0.48mm。交合刺1对，长1.25mm。引器长0.19mm。生殖锥较长，圆锥形，延伸超过交合伞侧叶。生殖锥上分布着1对指形附属物。

雌虫（n=1）：体长10.23mm，最大体宽0.49mm。食道长1.15mm。神经环距头端0.50mm；颈乳突距头端0.62mm。雌虫尾部细长，尾尖圆锥形。阴门与肛门距离较远，阴门距尾端0.67mm。肛门距尾端0.29mm。

第三章 河南省马圆线虫感染状况

一、概　述

马属动物（马、驴、骡）肠道内往往寄生着大量线虫，尤其是圆线虫的数量最多[6,71,79,144]。关于马体内寄生圆线虫的流行病学调查在世界许多地方都有报道[43,45~46,51,145~146]。不过，对于驴体内寄生圆线虫的情况，除了非洲以外，其他地区的报道相对较少。在非洲有多个国家曾经对驴的寄生线虫进行过调查，包括布基纳法索[147]、津巴布韦[148~149]、摩洛哥[150~151]、埃塞俄比亚[152]、乍得[153]、南非[47,154~155]等国。

据统计世界上大约有4400万头驴，其中90%以上分布在发展中国家[47]。在这些国家，驴的饲养依然非常重要。首先它是重要的生产力，常被用来运输货物、承载人和粮食，其次驴肉又是当今人们的美味佳肴。然而在自然感染的驴体内，寄生线虫的数量一般较大，常常引起动物消瘦、贫血，甚至死亡，给畜牧业造成严重危害，也给人们带来很大的经济损失[47,156]。

在我国，尽管驴的饲养也非常普遍，但是关于驴寄生圆线虫的详细报道却较少。孔繁瑶和杨年合[130~131]调查了北京地区驴的寄生圆线虫，共发现23个种类。周婉丽[132]调查了四川省7头驴的感染情况，发现31个种类。不过他们研究的重点是对线虫进行种类鉴定和形态描述，而关于寄生线虫流行病学和生态学方面的研究在国内尚未见报道。从2006年2月到2007年1月，卜艳珍及其研究团队首次对河南省驴体内寄生圆线虫的种类和感染情况进行了调查[72,140]。随机检查了漯河、焦作、新乡、安阳、商丘、开封等地屠宰场共34头驴的肠道寄生圆线虫（21头母驴和13头公驴），平均每个月检查2~3头，调查对象均为农村散户饲养的驴，年龄大小为0.5~12岁。该研究主要对圆线虫的种类、数目、感染率、感染强度、平均感染强度、平均丰度及线虫的季节动态等进行统计和分析。

二、感染特性

通过对河南省34头驴寄生线虫的检查，共发现22种圆线虫，包括18种小型圆线虫（盅口亚科）和4种大型圆线虫（圆线亚科）（表3-1）。34头驴中，小型圆线虫的感染率为 94.1%（32/34），大型圆线虫的感染率为 91.2%（31/34）。每头驴感染圆线虫的数量变化范围是 120~1 939 条，平均 498.6 条。在检查的驴肠道内，有的仅发现 1 种圆线虫，有的多达 15 种，平均 7.1 种。只有 5.9% 的驴感染 1 种圆线虫，其余都是多种混合感染。这与马的圆线虫调查结果相似，Ogbourne[42]在马肠道内发现 4~16 种圆线虫；Reinemeyer 等[51]在马肠道内发现 2~11 种，平均 7 种；Gawor[45]在马肠道内发现 2~16 种，平均 7.1 种；Anjos 和 Rodrigues[70~71]在马腹结肠发现 1~14 种，在马背结肠发现 1~23 种。如果把每头驴肠道内不同的圆线虫种类看作是一个组合，那么调查发现共有 30 种不同的组合（表 3-2）。同时感染 6 种、7 种和 8 种圆线虫的驴所占比例较大，分别有 4 种、7 种和 5 种不同的组合。而 Silva 等[145]在对马的调查中发现，大多数马感染 9 种、11 种和 13 种圆线虫，分别有 6 种、5 种和 5 种不同的组合。这种差异可能与调查的对象、数目、时间和地点不同有关系。

由表 3-2 可知，发现的 22 种圆线虫中，有 4 个核心种，6 个次要种，12 个卫星种。每种圆线虫的感染率、平均感染强度、平均丰度及数量变化范围各不相同。在 18 种小型圆线虫中，鼻状杯环线虫（73.5%）、小唇片冠环线虫（70.6%）、大唇片冠环线虫（67.6%）、四刺盅口线虫（61.8%）、冠状冠环线虫（52.9%）是感染率较高的种类，占该群体总数量的 70.2%；小唇片冠环线虫（175.9±291.3）、四刺盅口线虫（156.0±251.7）、耳状杯环线虫（127.2±221.7）和鼻状杯环线虫（110.1±124.4）是平均感染强度较高的种类；平均丰度较高的种类是小唇片冠环线虫（124.2±256.4）、四刺盅口线虫（96.4±210.5）和鼻状杯环线虫（80.9±117.1）。在 4 种大型圆线虫中，普通圆形线虫的感染率（88.2%）、平均感染强度（39.6±37.9）和平均丰度（34.9±37.8）都非常高；而其他 3 种大型圆线虫的感染率（8.8%）和平均丰度（分别为 0.8±3.1，0.3±1.0，0.2±0.8）都比较低。河南省的调查结果与许多国外的报道基本一致[46,51,69,145]。

表 3-1 河南省驴寄生圆线虫的感染情况

种类	感染率（%）	范围	平均感染强度±SD	平均丰度±SD	地位
盅口亚科					
鼻状杯环线虫	73.5	2~426	110.1 ± 124.4	80.9 ± 117.1	核心种
小唇片冠环线虫	70.6	8~1 158	175.9 ± 291.3	124.2 ± 256.4	核心种
大唇片冠环线虫	67.6	2~198	27.2 ± 39.8	18.4 ± 34.9	核心种
四刺盅口线虫	61.8	6~1 035	156.0 ± 251.7	96.4 ± 210.5	次要种
冠状冠环线虫	52.9	1~26	8.9 ± 7.3	4.7 ± 6.9	次要种
耳状杯环线虫	44.1	1~803	127.2 ± 221.7	56.1 ± 157.9	次要种

续表

种类	感染率（%）	范围	平均感染强度±SD	平均丰度±SD	地位
碗形盅口线虫	44.1	1~321	82.5 ± 112.7	36.4 ± 84.3	次要种
长伞杯冠线虫	41.2	3~175	48.9 ± 50.4	20.1 ± 39.9	次要种
辐射杯环线虫	41.2	1~82	22.6 ± 30.7	9.3 ± 22.4	次要种
微小杯冠线虫	17.6	1~67	16.0 ± 25.4	2.8 ± 11.7	卫星种
蝶状盅口线虫	14.7	2~42	23.8 ± 20.4	3.5 ± 11.1	卫星种
高氏杯冠线虫	14.7	4~75	20.2 ± 30.7	2.9 ± 12.9	卫星种
长形杯环线虫	14.7	1~14	6.8 ± 5.9	1.0 ± 3.2	卫星种
阿氏杯环线虫	8.8	24~40	29.3 ± 9.2	2.6 ± 8.7	卫星种
显形杯环线虫	8.8	1~35	17.3 ± 17.0	1.5 ± 6.5	卫星种
小杯杯冠线虫	8.8	6~11	7.6 ± 2.8	0.7 ± 2.3	卫星种
艾氏杯环线虫	8.8	4~13	7.0 ± 5.2	0.6 ± 2.4	卫星种
真臂副杯口线虫	2.9	3	3	0.1 ± 0.5	卫星种
圆线亚科					
普通圆形线虫	88.2	2~120	39.6 ± 37.9	34.9 ± 37.8	核心种
日本三齿线虫	8.8	3~17	9.0 ± 7.2	0.8 ± 3.1	卫星种
锯齿状三齿线虫	8.8	2~4	3.3 ± 1.2	0.3 ± 1.0	卫星种
无齿圆形线虫	8.8	2~3	2.7 ± 0.6	0.2 ± 0.8	卫星种

表 3-2　34 头驴肠道内寄生圆线虫种类的不同组合

不同组合中种的数目	1	1	2	2	3	4	5	6	6	6	6	7	7	7	7	7	8	8	8	8	8	8	9	10	10	10	11	11	11	15
鼻状杯环线虫		×	×		×			×	×		×	×	×		×	×	×	×	×		×	×	×	×	×	×	×	×		×
小唇片冠环线虫						×							×			×		×				×	×				×	×		×
大唇片冠环线虫			×								×				×							×				×	×	×		×
四刺盘口线虫						×																								×
冠状冠环线虫							×		×					×													×			×
耳状杯环线虫										×					×															×
碗形盘口线虫				×																										×
长伞杯冠线虫																														×
辐射杯冠线虫																														×
微小杯冠线虫																	×	×		×				×		×	×	×	×	×
蝶状盘口线虫																			×				×				×		×	×
高氏杯冠线虫																					×					×			×	×
长形杯环线虫																							×	×	×		×	×	×	×
阿氏杯冠线虫																											×	×	×	×
显形杯冠线虫																											×		×	×
小杯杯冠线虫																											×	×	×	×
艾氏杯环线虫																								×						×
真臂副杯口线虫																									×					×
普通圆形线虫																											×			×
无齿圆形线虫																												×		×
日本三齿线虫																									×					×
锯齿状三齿虫																		×												×

三、季节动态

(一) 季节分布

将一年12个月按自然季节分成四季，其中3~5月为春季，6~8月为夏季，9~11月为秋季，12月至翌年2月为冬季。按照季节不同将调查对象划分为4组：春季8头，夏季9头，秋季8头，冬季9头。根据不同季节采集的圆线虫种类和数量来统计和分析圆线虫的季节发生规律。

由表3-3可知，季节变化对圆线虫的种类分布影响较大。一年四季中，感染种类最多的季节是秋季，有21种；其次是春季，有16种；夏季和冬季种类较少，分别有14种和13种。22个种类中，四刺盅口线虫、碗形盅口线虫、冠状冠环线虫、大唇片冠环线虫、小唇片冠环线虫、辐射杯环线虫、耳状杯环线虫、鼻状杯环线虫、长伞杯冠线虫、微小杯冠线虫和普通圆形线虫等11种在全年都有分布；蝶状盅口线虫、艾氏杯环线虫、阿氏杯环线虫、显形杯环线虫、真臂副杯口线虫和锯齿状三齿线虫等6种仅在秋季被发现；小杯杯冠线虫仅在春季和秋季被发现；而长形杯环线虫和高氏杯冠线虫仅在冬季未被发现；无齿圆形线虫仅在夏季未被发现；日本三齿线虫仅在秋季未被发现。

(二) 季节变化

随着季节和气温的变化，圆线虫的感染率和平均丰度也发生了明显的变化。大多数种类的感染率和平均丰度在春季和秋季出现两个高峰，冬季和夏季往往较低。

1. 大型圆线虫季节变化

根据大型圆线虫感染率和平均丰度的季节变化（图3-1、图3-2）可知，除了普通圆形线虫以外，其他种类的季节变化不明显。普通圆形线虫在全年的感染率都比较高，春季和秋季的感染率达到100%，夏季和秋季在80%左右；平均丰度在秋季最高，其次是春季和夏季，冬季最低。无齿圆形线虫在全年的感染率普遍较低，春季和秋季为12.5%，冬季为11.1%，夏季为0；每个季节的平均丰度都比较低。锯齿状三齿线虫仅在秋季被发现，而日本三齿线虫只有在秋季未被发现，它们在其他季节的感染率和平均丰度也较低。

表3-3 不同季节圆线虫种类的分布

种类\季节	春季	夏季	秋季	冬季
鼻状杯环线虫	+	+	+	+

续表

季节 种类	春季	夏季	秋季	冬季
小唇片冠环线虫	+	+	+	+
大唇片冠环线虫	+	+	+	+
四刺盅口线虫	+	+	+	+
冠状冠环线虫	+	+	+	+
耳状杯环线虫	+	+	+	+
碗形盅口线虫	+	+	+	+
长伞杯冠线虫	+	+	+	+
辐射杯环线虫	+	+	+	+
微小杯冠线虫	+	+	+	+
蝶状盅口线虫	-	-	+	-
高氏杯冠线虫	+	+	+	+
长形杯环线虫	+	+	+	+
阿氏杯环线虫	-	-	+	-
显形杯环线虫	-	-	+	-
小杯杯冠线虫	+	+	+	+
艾氏杯环线虫	-	+	+	-
真臂副杯口线虫	-	-	+	-
普通圆形线虫	+	+	+	+
日本三齿线虫	+	+	-	+
锯齿状三齿线虫	-	-	+	-
无齿圆形线虫	+	-	+	+

注：表中"+"表示有，"-"表示无。

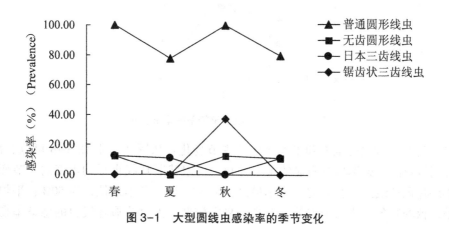

图 3-1　大型圆线虫感染率的季节变化

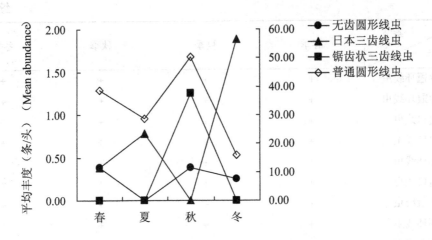

图 3-2 大型圆线虫平均丰度的季节变化

注：无齿圆形线虫、日本三齿线虫和锯齿状三齿线虫对应主坐标（左）；普通圆形线虫对应次坐标（右）。

2. 小型圆线虫季节变化

（1）盅口属线虫感染率和平均丰度的季节变化：根据盅口属线虫感染率和平均丰度的季节变化（图 3-3 和图 3-4）可知，四刺盅口线虫在春季的感染率最高，为83.3%；其次是秋季，为 66.7%；夏季最低，为 25%。平均丰度在春季和秋季较高，夏季和冬季稍低。碗形盅口线虫的感染率在春季和秋季为 50%，夏季为 41.7%，冬季为 25%；平均丰度在秋季最高，冬季最低。蝶状盅口线虫仅在秋季出现，感染率为62.5%，但是平均丰度比较低。

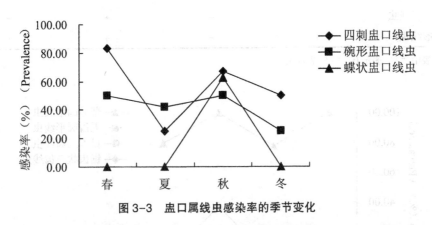

图 3-3 盅口属线虫感染率的季节变化

（2）冠环属线虫感染率和平均丰度的季节变化：从图 3-5 和图 3-6 可以看出，3种冠环属线虫的感染率具有明显的季节变化，而冠状冠环线虫平均丰度的季节变化不大。小唇片冠环线虫在春季的感染率最高，为 83.3%，冬季最低，为 50%；平均丰度在春季、秋季和冬季这三个季节都较高，夏季较低。大唇片冠环线虫的感染率在春季和秋季较高，夏季和冬季较低；平均丰度在秋季最高，冬季最低。冠状冠环线虫的感

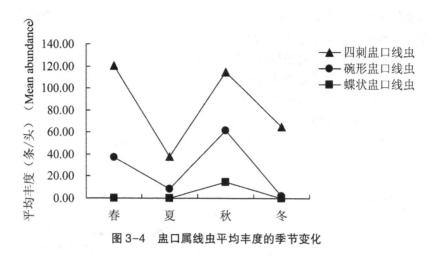

图 3-4 盅口属线虫平均丰度的季节变化

染率在春季最高,为 75%,其次是秋季和冬季,夏季最低,为 22.2%;平均丰度在每个季节都比较低。

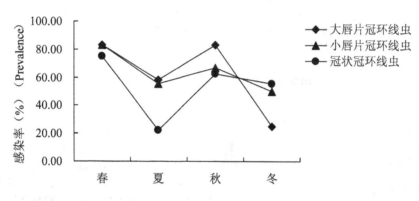

图 3-5 冠环属线虫感染率的季节变化

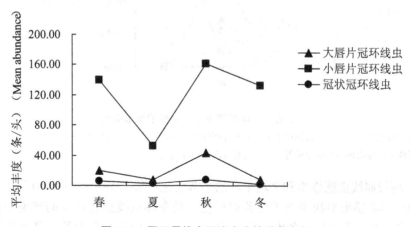

图 3-6 冠环属线虫平均丰度的季节变化

(3) 杯环属线虫感染率和平均丰度的季节变化:根据杯环属线虫感染率和平均丰

度的季节变化（图 3-7 和图 3-8）可知，该属不同种类的季节变化差别较大。鼻状杯环线虫在春季和秋季的感染率为 87.5%，冬季为 75%，夏季为 55.6%；平均丰度在春季最高，秋季和冬季稍低，夏季最低。耳状杯环线虫的感染率在春季较高，为 62.5%，夏季和冬季为 44.4%，秋季最低为 25%；平均丰度在冬季最高，其他三个季节都比较低。辐射杯环线虫的感染率在春季和秋季较高，夏季和冬季较低；平均丰度在四个季节普遍较低。长形杯环线虫在冬季未被发现，其他三个季节的感染率和平均丰度都比较低。阿氏杯环线虫、显形杯环线虫和艾氏杯环线虫仅在秋季出现，它们的感染率和平均丰度也非常低。

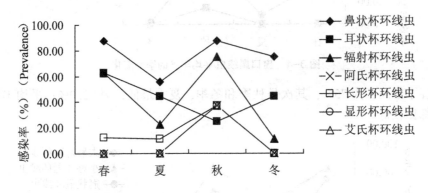

图 3-7 杯环属线虫感染率的季节变化

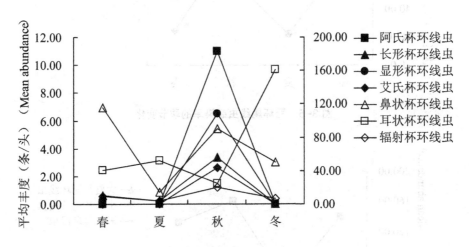

图 3-8 杯环属线虫平均丰度的季节变化

注：阿氏杯环线虫、长形杯环线虫、显形杯环线虫和艾氏杯环线虫对应主坐标（左）；鼻状杯环线虫、耳状杯环线虫和辐射杯环线虫对应次坐标（右）。

（4）杯冠属线虫感染率和平均丰度的季节变化：从图 3-9 和图 3-10 可以看出，杯冠属线虫全年的感染率和平均丰度普遍较低。长伞杯冠线虫在秋季的感染率稍高，为 62.5%，春季和夏季较低，冬季最低，为 11.1%；平均丰度在春季、夏季和秋季三个季节变化不大，而冬季最低。高氏杯冠线虫、微小杯冠线虫和小杯杯冠线虫的感染率和平均丰度的季节变化趋势基本相似，四季变化不明显，感染率最高不超过 25%，平均丰度最大不到10。

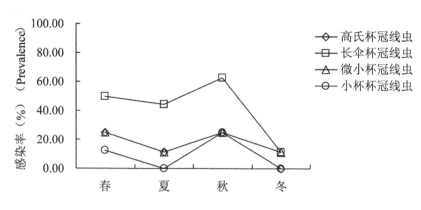

图3-9 杯冠属线虫感染率的季节变化

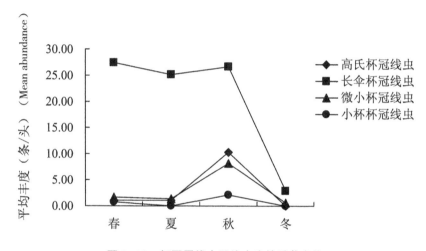

图3-10 杯冠属线虫平均丰度的季节变化

调查中发现，不同种类的圆线虫，其感染率和平均丰度的季节变化明显不一致，有的春季较高，有的秋季较高，有的冬季较高，有的全年变化不大。不过，大多数种类的变化趋势是：感染率和平均丰度在春季和秋季出现两个高峰，冬季和夏季往往较低。关于马属动物寄生圆线虫成虫和幼虫的季节动态在世界上也有报道。Gawor[45]调查了50匹马的圆线虫寄生情况，发现成虫数量在5月和10月出现两个高峰，第四期幼虫数量在4月和10月出现两个高峰。在澳大利亚的维多利亚州，通过对150匹马寄生蠕虫的调查发现，大型圆线虫在夏季感染率最高，其次是冬季和秋季，而平均感染强度在秋季最高；大多数小型圆线虫的感染率和平均感染强度在秋季比夏季和冬季高。但是，在澳大利亚西部，小型圆线虫没有明显的季节变化。在美国气候较温和的地区，盅口线虫的感染强度波动较大。春季，第三期幼虫开始发育成熟，成虫数量逐渐增多；夏季，牧场上第三期幼虫数量最多，被寄主摄入的第三期幼虫寄生在肠黏膜内处于滞育期，一直到晚冬或早春才开始发育，成虫数量较低[75]。相反，在美国的亚热带地区，牧场上第三期幼虫数量最多的季节是秋季和春季[157]。在北半球的温带地区，幼虫开始发育以及第四期盅口幼虫从肠壁钻出都是发生在冬末或春季[75]。然而，在美国的路易斯安那州南部的亚热带地区，根据肠道内发现的成虫和第四期幼虫数量推断，盅口线虫在夏季、秋季和冬季的感染数量较多[77]。

第四章 河南省马圆线虫遗传特征及进化关系

一、概 述

根据形态学特征鉴定圆线虫种类是传统的鉴别方法,主要包括口囊的大小和形状、背沟长度、角质支环、内外叶冠数目、内叶冠的起始部位、雄虫交合伞和生殖锥及雌虫尾部等。有些种类在形态上很容易鉴定,但是一些相似种或隐含种却较难鉴别,尤其是将卵和不同发育阶段的幼虫鉴定到种有一定的困难[6,64,102~103]。在圆线虫的分类史上,一些种类的分类地位曾出现过激烈的争议,例如,鼻状杯环线虫和阿氏杯环线虫[158]、辐射杯环线虫和三支杯环线虫[159]、显形杯环线虫和似辐首杯环线虫[103]、微小杯冠线虫是否存在两个隐含种[109]等。随着分子生物学的发展,DNA 分子标记技术已逐渐运用于圆线虫的种类鉴定和进化关系的研究。

编码核糖体 DNA(rDNA)的基因是由一些高度重复序列组成的多基因家族,rDNA 基因以串联重复形式存在于染色体上。其中,ITS 是 rDNA 中介于 18S 和 28S 基因之间的内转录间隔区,中间被 5.8S 基因分开,包括第一内转录间隔区(ITS1)和第二内转录间隔区(ITS2)两段序列。ITS 在生物进化过程中显示种的特征,种内具有高度保守性,种间又有不同程度的变异。许多研究表明,ITS 序列是研究寄生虫分类鉴定及遗传特征的理想标记。Campbell 等[104]首次利用 rDNA 对采自马体内的马圆形线虫、无齿圆形线虫和普通圆形线虫进行研究,通过提取它们的基因组 DNA,利用聚合酶链式反应(PCR)技术对 rDNA-ITS2 进行扩增、测序。序列分析显示,三种线虫的种内变异(0~0.9%)很小,而种间变异(13%~29%)较大。Gasser 等[105]利用 ITS1、5.8SrDNA 和 ITS2 基因作为遗传标记,运用 PCR-RFLP 方法成功鉴别了 11 种盅口线虫。Hung 等[102]对 28 种圆线虫的 rDNA-ITS 序列进行了分析,目的是评价 ITS1 和 ITS2 序列在种内和种间的变异程度。研究发现,ITS1 和 ITS2 序列的种内变异性较低(0~0.39%),而种间差异却较大,其中 ITS1 序列的变异为 0.6%~23.6%,而 ITS2 序列的变异为 1.3%~56.3%。由于每个物种的 rDNA 中都具有特定的 ITS1 和 ITS2 序列,所以 rDNA 序列是解决分类学问题的重要分子标记。例如,关于阿氏杯环线虫的分类地位,最初被认为是鼻状杯环线虫的同物异名,后来依据形态学特征发现,阿氏杯环线虫是独立于鼻状杯环线虫的一个种。阿氏杯环线虫与鼻状杯环线虫的 ITS1 和 ITS2 序列资料也支持了该结论，两者之间 ITS1 序列的差异性为 2.2%，ITS2 为 3.8%，与杯环属其他种间的差异性相似[108]。ITS1 和 ITS2 的序列分析也为微小杯冠线虫是否存在隐含种提供了分子依据。微小杯冠线虫有些个体之间的 ITS1 和 ITS2 序列存在明显的差异，其中 ITS1 的差异性为 3%，ITS2 为 7.4%，而且与杯冠属其他种间的差异相似，这说明微小杯冠线虫至少有两个隐含种[109]。

长期以来，依据形态学特征建立的分类系统和进化关系也一直存在争议。Hung 等[115]基于圆线虫的 rDNA 序列资料构建了分子系统发育树，确立了 30 种圆线虫的系统发生关系。研究发现，使用 ITS1 和 ITS2 序列数据可以解决依据形态学特征建立的分类系统中存在争议的一些问题。而且，分子数据也支持这样一个假说：即口囊呈亚球形的大型圆线虫是口囊呈圆柱形的小型圆线虫的祖先，但并不支持把圆线虫分为圆线亚科和盅口亚科两类或者盅口簇内一些基于形态特征的分类，这个结论得到 McDonnell 等[116]的认同。

我国关于圆线虫的研究相对滞后，并且大都集中在种类调查和形态描述等方面[5,129~131]。自 2006 年以来，卜艳珍及其研究团队不仅对河南省马圆线虫进行了种类调查和流行病学研究，而且对马圆线虫进行了 ITS 序列测定和分析，详细比较了种内和种间的差异性，并进一步探讨了马圆线虫的系统进化关系[160,161]。

二、ITS 碱基序列

运用聚合酶链反应（PCR）技术对河南省马圆线虫的 rDNA-ITS 序列进行了扩增，将 PCR 扩增产物纯化后直接进行序列测定和分析。自 2006 年以来，作者及其团队共测得 31 种 46 个个体的 ITS 序列（包含 5.8S），序列已提交至 GenBank 数据库，并获得登录号（表 4-1）。所测 46 条 ITS 序列的长度范围为 740~890 bp，所有序列的 5.8S 片段完全相同，长 153 bp，故在分析时一般不作考虑。

表 4-1　31 种马圆线虫代码、ITS 序列（包含 5.8S）长度及其 GenBank 登录号

种类	代码	ITS 长度（bp）	GenBank 登录号
无齿圆形线虫	Sted1	784	KP693438
普通圆形线虫	Stvu1	756	KP693439
短尾三齿线虫	Trbe1	862	KP693436
日本三齿线虫	Trip1	845	KP693437
伊氏双齿口线虫	Biva1	853	KP693440
四刺盅口线虫	Cste1	842	KF850629
	Cste2	842	KF850630
碗形盅口线虫	Csca1	837	KF850626

续表

种类	代码	ITS 长度（bp）	GenBank 登录号
蝶状盅口线虫	Cspa1	839	KF850627
	Cspa2	839	KF850628
冠状冠环线虫	Co1	748	JN786950
	Co2	748	JN786951
大唇片冠环线虫	Ci1	840	JN786947
	Ci2	840	JN786948
小唇片冠环线虫	Cr1	843	JN786949
双冠双冠线虫	Cpbo1	842	KP693441
辐射杯环线虫	Crs1	840	JQ906423
	Crs2	839	JQ906424
艾氏杯环线虫	Cad1	829	JQ906409
	Cad2	829	JQ906410
	Cad3	829	JQ906411
阿氏杯环线虫	Cas1	834	JQ906412
	Cas2	834	JQ906413
耳状杯环线虫	Cau1	842	JQ906414
	Cau2	842	JQ906415
	Cau3	842	JQ906416
长形杯环线虫	Ces1	842	JQ906417
显形杯环线虫	Cie1	843	JQ906418
	Cie2	843	JQ906419
细口杯环线虫	Cls1	837	KP693432
鼻状杯环线虫	Cns1	843	JQ906420
	Cns2	843	JQ906421
	Cns3	843	JQ906422
外射杯环线虫	Cul1	890	KP693431
小杯杯冠线虫	Cyca2	840	KM085356
高氏杯冠线虫	Cygo1	839	KM085357
长伞杯冠线虫	Cylo1	842	KM085358

续表

种类	代码	ITS 长度（bp）	GenBank 登录号
	Cylo2	842	KM085359
微小杯冠线虫	Cysm1	740	KM085360
	Cysm3	740	KM085361
杯状彼得洛夫线虫	Pepo1	867	KP693443
不等齿杯口线虫	Poim1	846	KP693433
拉氏杯口线虫	Pora1	856	KP693434
麦氏副杯口线虫	Pame1	851	KP693435
真臂副杯口线虫	Paeu1	861	KP693692
头似辐首线虫	Gyca1	867	KP693442

1. **无齿圆形线虫 ITS1+ITS2 序列**

无齿圆形线虫共测出 1 条序列，序列长 631 bp，登录号为 KP693438。测序结果与 GenBank 中已收录的相关序列（登录号：AJ228249+X77807）比较，长 2 个碱基，两者的同源性达到 99.2%。其序列碱基组成如下：

GTCGAAACCTTTACACACGGTTACGTTGATCATGAGAAACCAACATGCCT
GTTGTTCTTCACGACTTTGTCGGGAAGGTTGGTAGTATCACCCCCTTTGAAGCCCTAT
GTAAGGTGTCTATGTACGGTATGAGTCGTTAATGGGTGATGGCAATGATTACTGTAC
GAAGTTCGCATTTTATTAAATTGCTGAGCTTTAGACTTGATGAGCATTGCTGGAATGCCG
CCTTACTGTCTGTTATTGGTGGTTAAACATAAAAGCGTGGTAAAACACGTGTTTGTGTG
ACACCTGTTTGTCAGGAAACCTTAATGATTCGTGAAAACGAACGCCAATACAGACACTA
ACTTTTAACATWTGAAGTTTGCAGACTCGTGACTATTATAGTCACAAAATCGATATATA
CATACTACAATGTGGCCTGTCAACATTGTTTGTCGAATGGTGCTTGCATTCAGTTGTA
ATCCCCATTCTAGAAAAGAATAATAATTGCAACATGTATGTTAGCTGGGTGGTAATACT
GCTAACTACACAGAATGGCATCACATCGTTATCTGCTGCTAAATTGTTTACCGACTTAT
TAACATTTAGCAGGGCCTGTTCGAGGATAACGTTGTTCAGTGCTATTTGCAA

2. **普通圆形线虫 ITS1+ITS2 序列**

普通圆形线虫共测出 1 条序列，序列长 603 bp，登录号为 KP693439。测序结果与 GenBank 中已收录的相关序列（登录号：AJ228251+X77863）比较，长度一样，两者的同源性达到 99%。其序列碱基组成如下：

GTCGAAACTTACAATAGTTCATCGTTGATTCGCATGAGAGGCCAACAC
GCTAGTTCTTCACGACTTTGTCGGGAAGGTTGGTAGTATCATATCACCTTTGGAAC
CCTTCGTAAGGTGTCTATGTATAGTATGAGTCGTTAATGGGTGGCGACCGTGATTGCT
GTACAAAGTTCGCATTTTGCTGAGCTTTAGACTTGATGAGCATTGCATGAATGCCGCCT
TACTATTTATTTTGGTGGTTAAAACATAGACTGCGGAAACAGCAGTCTATGTGGACACCT
GATTCTCAGGAAATCTTAATGATCCGCCGCAAATGCGGACGCCAAAATAGATAATA

ACTTTTTACATTTATAATTTGCAGAACCGTGACTTTATGTCACAATCGATATATGTACTA
CAATGTAGCCTGTTAAACATTGTCGGTCGAATGGTGTATACATTAAATTGTGTCCCCAT
TCTAGAAAAGAATATATTGCAACATGTATATTATTCAATAATATACACAGTATGTCATG
GATTTATTCTCACTACTTAATTGTTTCGCGACTTATTAACAATTTAGTAGAGCCTGTCG
GAAGAATCAAATCTAATGACATTTGCAA

3. 短尾三齿线虫 ITS1+ITS2 序列

短尾三齿线虫共测出 1 条序列，序列长 709 bp，登录号为 KP693436。GenBank 中尚未收录该线虫的相关序列。其序列碱基组成如下：

GTCGAAACCGTCATAAGGTTACGTTGATCATGAGAAACCAACAAGCATGTCTCTTCAC
GACTTTGTCGGGAAGGTTGGTAGTATCGCCCACCTTTAGAACCCTTTGTAAGGT
GTCTAAGCATGGTATGAGTCGTTACTGGGTGGCGACCGTGATTACTGTGCAAAGTTC
GCATTTTGCTGAGCTTAAGACTTGATGAGCATTGCTGGAATGCCGCCTTACT
GTTTGTTTTGGTGGTTAGGCACGGTGGGTTTTCCCGCTCTAGTGCGACACCTGCAAG
ACAGGAAATCTTAATGATCCGTGTAGACGGACGCCAATACAAACGCCAACTTTTAAC
GTTTAAATATTGCAGAATCGTGACTTTAACGTCACAATTGATATACGTACTACAAT
GTGGCCTGTAACATTGTTTGTCGAATGGCGCTTGCATTCAATTGCAATCCCCGTTCTAG
AGAAGAATTCTATTGCAACATGTATGTTGTCTATGTCATAAATCAGATTAACGTCAATGT
GTTGTCACTACTAGATCGTTTAACGCATCTTAACTTTCTAGTGGAGCCTGTATGACTAC
GCTATTGTTCGTTAACTCTGTAATGTGACTGTGGCATAATACACAGAATGACATATAATC
GTTATTACTACTAAATTGTCCACCGTTTTTAGGACATTTTAGCAGGGCATGTATAATAAC
GTTTATAATGTCATTTGCAA

4. 日本三齿线虫 ITS1+ITS2 序列

日本三齿线虫共测出 1 条序列，序列长 692 bp，登录号为 KP693437。GenBank 中尚未收录该线虫的相关序列。其序列碱基组成如下：

GTCGAACCACCCAAATAGGTTCCGTTGAATTTGAGAAACCAACGCGCCTGTCTCTTCAC
GACTTTGTCGGGAAGGTTGGTAGTATCACCCCCTTTGCAACCCTTTGTAAGGTGTC
TATGCACAGTATGAGTCGTTACTGGGTGGCGGCCATGATTATTGTGCGGAGTTCG
CATTTTGCTGAGCTTTAGACTTGATGAGCATTGCCAGAATGCCGCCTTACTGTTTGTTTTG
GTGGTTAGGCACAGCGGTAACGCTTTAGTGCGACACCTGCAAGTCAGGAAACCTTAAT
GATCCGTACATACGGACGCCATACAAACGCCACTTTTAACGTTTAAATCTTGCAGAAC
CGTGACTTTATGTCACAATCGATATATATACTACAATGTGGCCTGTGACATTGTTTGTC
GAATGGCGCTTGCATTCATTTGCAATCCCCGTTCTAGTTAAGAAATATTGCAACATG
TATGTTGCTTGGTCACGACTCAGATTAACGTGAATAGTCACTACTAGATCGTTTACCGC
CATTTAACGTCTAGTAGGGCCTGTATGACTACGCTATTGATCGTTATCTGTAATGTGACT
GTGGCATAGTACACGGAATGACGTATAATCGTTGTAACTGCTAATATGTTTACCGCTTAT
TAACATTTTAGCAGGGCCTGTTGACAGCGGTCTATAATGTCATTTGCAA

5. 伊氏双齿口线虫 ITS1+ITS2 序列

伊氏双齿口线虫共测出 1 条序列，序列长 700 bp，登录号为 KP693440。GenBank 中尚未收录该线虫的相关序列。其序列碱基组成如下：

GTCGAAACCAATATGGTTCGGTTGATCATGAGAACCCAACACGCTTGCTTCTTCAC
GACTTTGTCGGGAAGGTTGGTAGTATCGCCCCCCTTTAGAGCCCTTTGTAAGGTGTC
TATGTACAGTATGAGTCGTTACTGGGTGGCGGCCGTGATTACTGTGCGAAGTTC
GCATTTTGCTGAGCTTTAGACTTGATGAGCATTGCATGAATGCCGCCTTACT
GTTTGTTTTTGGTGGTTGTACACGGCGTAATGCTCAGTGTGGCACCTGCGAGTCAG
GAAACCTTAATGATCCGTGCATGCGGACGCCAATACAGACACTAACTTTTAACGTTT
GAATATTGCAGAACCGTGACTTTAATGTCACACTCGATATACTTACTACAATGTGGCCT
GTTACATTGTTTGTCAATGGCGCTTGCATCTGATGCAATCCCCATTCTAGTGAAGAAA
CGTATTGCAACATGTAGTTATCGATGGCTGCAGATGCAGATTGACTTAATTGCGCTGT
CACTATTAGATCGTTTACCGCCTCCTAACGTTCTAGTAGAGCCTGTATGGCTGCGCTATT
GATCGATATCTGGAATGTAGCTATGACATACTACACTGAATGACATATATTCGTTGT
CACTGCTGATATGTTTACCGCTTACTAACATATTAGCAGGGCCTGTATGATAACGTTG
TATATTGTCATTTGCAA

6. 四刺虫口线虫 ITS1+ITS2 序列

四刺虫口线虫共测出 2 条序列，序列均长 689 bp，登录号为 KF850629~KF850630，两条序列同源性为 99.9%。GenBank 中尚未收录该线虫的相关序列。其序列碱基组成如下：

KF850629 序列：

GTCGAAACCACAGGGTATGGTTCCTTTGATCATGAGAAACCAACATGCTTGCTCTTCAC
GACTTTGTCGGGAAGGTTGGTAGTATCGCCCCCCTTTACAGCCCTTCGTAAGGTGTC
TATGTACAGTATGAGTCGTTACTGGGTGGCGGCCGTGATTACTGTGCGAGTTCGCAT
GTTGCTGAGCTTTAGACTTGATGAGCATTGCTGGAATGCCGCCTTACTGTTTGTTTTGGT
GGTTAGGCACAGCGGTAACGCTTAGTGCGACACCTGGTTGTCAGGCAATCTTAATGATC
CGTTTATGCGGACGCCAAAGCAGACGCTAACTTTTTATGTTTGAATTTTGCAGAACTGT
GACTTTGAGTCACAATCGATATAAATACTACAATGTGGCCTGTTACATTGTTTGTCGAAT
GGCGCTTTCATTTATTTGAAATCCCCATTCTAGAAAAGAAGCATATTGCAACATGTAC
GTTGGCTATGCCTTAAGAACAGAGGTGAACGCGTTGTTACTGCTGGATCGTTTAATGCCT
GTTAACATTCCAGCGGGGCCTGATGACAGCGCTTCGTTATCTGATTTGGTATGGCTAAC
TACACAGAATGACATATATTCGTTGTCACTGTCGATTTGTTTACCGCCTATTAACATTTC
GAGAGTGCCTGTATGACAGCGTTCTATATCGTCATTTGCAA

KF850630 序列：

GTCGAAACCACAGGGTATGGTTCCTTTGATCATGAGAAACCAACATGCTTGCTCTTCAC
GACTTTGTCGGGAAGGTTGGTAGTATCGCCCCCCTTTACAGCCCTTCGTAAGGTGTC
TATGTACAGTATGAGTCGTTACTGGGTGGCGGCCGTGATTACTGTGCGAGTTCGCAT
GTTGCTGAGCTTTAGACTTGATGAGCATTGCTGGAATGCCGCCTTACTGTTTGTTTTGGT

GGTTAGGCACAGCGGTAACGCTTAGTGCGACACCTGGTTGTCAGGCAATCTTAATGATC
CGTTTATGCGGACGCCAAAGCAGACGCTAACTTTTTATGTTTGAATTTTGCAGAACTGT
GACTTTGAGTCACAATCGATATAAATACTACAATGTGGCCTGTTACATTGTTTGTCGAAT
GGCGCTTTCATTTATTTGAAATCCCCATTCTAGAAAAGAAGCATATTGCAACATGTAC
GTTGGCTATGCCTTAAGAACAGAGGTGAACGCGTTGTTACTGCTGGATCGTTTAATGCCT
GTTAACATTCCAGCGGGGCCTGATGACAGCGCTTCGCTATCTGATTTGGTATGGCTAAC
TACACAGAATGACATATATTCGTTGTCACTGTCGATTTGTTTACCGCCTATTAACATTTC
GAGAGTGCCTGTATGACAGCGTTCTATATCGTCATTTGCAA

7. 碗形盅口线虫 ITS1+ITS2 序列

碗形盅口线虫共测出 1 条序列，序列长 684 bp，登录号为 KF850626。测序结果与 GenBank 中已收录的相关序列（登录号：AJ004851+Y08619）比较，长度一样，两者的同源性达到 99.1%。其序列碱基组成如下：

GTCGAAACCACAAGGTATGGTTCCTTTGATCATGAGAACCCAACACGCTTGCTCTTCAC
GACTTTGTCGGGAAGGTTGGTAGTATCGCCCCCTTTACAGCCCTTCGTAAGGTGTCTAT
GTGCAGTATGAGTCGTTATTGGGTGGCGGCCGTGATTATTGTACGAGTTCGCAATTTGCT
GAGCTTTAGACTTGATGAGCATTGCTAGAATGCCGCCTTACTGTTTGTTTTGGTGGTTAG
GCACAGCGGCAACGCTTAGTGCGGCACCTGGTTGTCAGGCAATCTTAATGATCCGTTAT
GCGGACGCCAAAGCAGACACTAACTTTTTACATTTGAATTTGCAGAACTGTGACTTTA
AGTCACAATCGATATAAATACTACAATGTGGCCTGTTACATTGTCTGTCGAATGGC
GCTTGCATTCATTTGCAATCCCCATTCTAGAAAAGAAGCATATTGCAACATGTATGTTG
GCTATGCCTAACAGAAGTGAATGCGTTGTTACTGCTGGTTCGTTTAATGCCTGTTAAC
GTTCCAGTAGGGCCTGATGACAGCGCTTCGTTATCTGATTTGGCTATAGCTAATTACA
CAGAATGACATATATTCGTTGTCACTGTTGACTTGTTTACCGCCTACTAACATTTCAG
CAGTGCCTGTATGACAACGTTCTATaTTGTCATTTGCAA

8. 蝶状盅口线虫 ITS1+ITS2 序列

蝶状盅口线虫共测出 2 条序列，序列均长 686 bp，登录号为 KF850627-KF850628，两条序列同源性为 99.9%。测序结果与 GenBank 中已收录的相关序列（登录号：AJ004855+Y08583）比较，长 1 个碱基，同源性达到 99.4%~99.6%。其序列碱基组成如下：

KF850627 序列：

GTCGAAACCACAAGGTATGGTTCCTTTGATCATGAGAACCCAACACGCTTGCTCTTCAC
GACTTTGTCGGGAAGGTTGGTAGTATCGCCCCCTTTACAGCCCTTCGTAAGGTGTCTAT
GTGCATTATGAGTCGTTACTGGGTGGCGGCCGTGATTAATGTACGAGTTCGCATTTTGCT
GAGCTTTAGACTTGATGAGCATTGCTAGAATGCCGCCTTACTGTTTGTTTTGGTGGTTAG
GCACAGCGGCAACGCTTAGTGCGGCACCTGGTTGTCAGGCAATCTTAATGATCCGTTAT
GCGGACGCCAAAGCAGACGCTAACTTTTTACATTTGAATTTTGCAGAACTGTGACTTTA
AGTCACAATCGATATAAATACTACAATGTGGCCTGTTACATTGTTTGTCGAATGGC
GCTTGCATTCATTTGCAATCCCCATTCTAGAAAAGAAGCATATTGCAACATGTATGTTG

GCTATGCCCTAACAGAAGTGGATGCGTTGTTACTGCTGGTTCGTTTAATGCCTGTTAAC
GTTCCAGTAGGGCCTGATGACAGCGCTTCGTTATCTGATTTGGCTATAGCTAATTACA
CAGAATGACATATATTCGTTGTCACTGTTGACTTGTTTACCGCCTACTAACATTTCAG
CAGTGCCTGTATGACAACGATCTATATTGTCATTTGCAA

KF850628 序列：
GTCGAAACCACAAGGTATGGTTCCTTTGATCATGAGAACCCAACACGCTTGCTCTTCAC
GACTTTGTCGGGAAGGTTGGTAGTATCGCCCCCCTTTACAGCCCTTCGTAAGGTGTCTAT
GTGCATTATGAGTCGTTACTGGGTGGCGGCCGTGATTAATGTACGAGTTCGCATTTTGCT
GAGCTTTAGACTTGATGAGCATTGCTAGAATGCCGCCTTACTGTTTGTTTTGGTGGTTAG
GCACAGCGGCAACGCTTAGTGCGGCACCTGGTTGTCAGGCAATCTTAATGATCCGTTAT
GCGGACGCCAAAGCAGACGCTAACTTTTACATTTGAATTTTGCAGAACTGTGACTTTA
AGTCACAATCGATATAAATACTACAATGTGGCCTGTTACATTGTTTGTCGAATGGC
GCTTGCATTCATTTGCAATCCCCATTCTAGAAAAGAAGCATATTGCAACATGTATGTTG
GCTATGCCCTAACAGAAGTGGATGCGTTGTTACTGCTGGTTCGTTTAATGCCTGTTAAC
GTTCCAGTAGGGCCTGATGACAGCGCTTCGTTATCTGATTTGGCTATAGCTAATTACA
CAGAATGACATATATTCGTTGTCACTGTTGACTTGTTTACCGCCTACTAACATTTCAG
CAGTGCCTGTATGACAACGATCTATATTGTTATTTGCAA

9. 冠状冠环线虫 ITS1+ITS2 序列

冠状冠环线虫共测出 2 条序列，序列均长 595 bp，登录号为 JN786950-JN786951，两条序列同源性为 100%。测序结果与 GenBank 中已收录的相关序列（登录号：AJ004852+AJ004837）比较，少 2 个碱基，同源性达到 99%。其序列碱基组成如下：

JN786950 序列：
GTCGAAACCACAAGGTATGGTTCCTTTGATCATGAGAAACCAACACGCATGCTCTTCAC
GACTTTGTCGGGAAGGTTGGTAGTATCGCCCCCCTTTACAGCCCTTYGTAAGGTGTCTAT
GTACAGTATGAGTCGTTACTGGGTGGCGGCCGTGATTACTGTGCGAGTTCGCATTTTGCT
GAGCTTAGACTTGATGAGCATTGCTAGAATGCCGCCTTACTGTTTGTTTTGGTGGTTAG
GCACAGCGGCAACGCTAGTGCGGCACCTGGTTGTCAGGCAATCTTAATGATCCGTTAG
GCGGACGCCAAAGCAGACGCTAACTTTTATGTTTGAATTTTGCAGAACTGTGACTTT
GAGTCACAATCGATATAAATACTACAATGTGGCCTGTTACATTGTTTGTCGAATGGC
GCTTGCATTCATTTGCAATCCCCATTCTAGAAAAGAAGCATATTGCAACATGTATGTTG
GCTATATCTTTGGCTATGGCTAACTACACAGAATGACATATAATCGTTGTCACTGTT
GACTTGTTTACCGCCTACTAACATTTCAGCAGTGCCTGTATGACAACGTTCTATATTGT
CATTTGCAA

JN786951 序列：
GTCGAAACCACAAGGTATGGTTCCTTTGATCATGAGAAACCAACACGCATGCTCTTCAC
GACTTTGTCGGGAAGGTTGGTAGTATCGCCCCCCTTTACAGCCCTTTGTAAGGTGTCTAT
GTACAGTATGAGTCGTTACTGGGTGGCGGCCGTGATTACTGTGCGAGTTCGCATTTTGCT
GAGCTTAGACTTGATGAGCATTGCTAGAATGCCGCCTTACTGTTTGTTTTGGTGGTTAG

GCACAGCGGCAACGCTAGTGCGGCACCTGGTTGTCAGGCAATCTTAATGATCCGTTAG
GCGGACGCCAAAGCAGACGCTAACTTTTTATGTTTGAATTTTGCAGAACTGTGACTTT
GAGTCACAATCGATATAAATACTACAATGTGGCCTGTTACATTGTTTGTCGAATGGC
GCTTGCATTCATTTGCAATCCCCATTCTAGAAAAGAAGCATATTGCAACATGTATGTTG
GCTATATCTTTGGCTATGGCTAACTACACAGAATGACATATAATCGTTGTCACTGTT
GACTTGTTTACCGCCTACTAACATTTCAGCAGTGCCTGTATGACAACGTTCTATATTGT
CATTTGCAA

10. 大唇片冠环线虫 ITS1+ITS2 序列

大唇片冠环线虫共测出 2 条序列，序列均长 687 bp，登录号为 JN786947-JN786948，两条序列同源性为 99.4%。测序结果与 GenBank 中已收录的相关序列（登录号：AJ004853+Y08584）比较，少 1 个碱基，同源性达到 99.1%~99.3%。其序列碱基组成如下：

JN786947 序列：

GTCGAAACCACAGGGTATGGTTCCTTTGATCATGAGAACCCAACACGCTTGCTCTTCAC
GACTTTGTCGGGAAGGTTGGTAGTATCGCCCCCTTTATAGCCCTTCGTAAGGTGTCTAT
GTACAGTATGAGTCGTTACTGGGTGGCGGCCGTGATTACTGTGCGAGTTCGCATTTTGCT
GAGCTGTAGACTTGATGAGCATTGCTAGAATGCCGCCTTACTGTTTGTTTTGGTGGTTAC
GCACAGCGGCAACGCTTAGTGCGGCACCTGGTTGTCAGGCAATCTTAATGATCCGTTAT
GCGGACGCCAAAGCAGACGCTAACTTTTTATGTTTGAATTTTGCAGAACTGTGGCTTT
GAGTCACAATCGATATAAATACTACAATGTAGCCTGTTACATTGTTTGTCGAATGGC
GCTTGCATTCATTTGCAATCCCCGTTCTAGAAAAGAAACATATTGCAACATGTACGT
TAGCTATGCCTTAATAATAGATGAATGCGTTGTTACTACTGGATCGTTTAATGCCTGTTA
ACGTTCCARTAGGGCCTGATGACAGCGCTTCGTTATCTGATCTGGCTATGGCTAACKA
CACAGAATGACATATATTCGTTGTCACTGTTGACTTGTTTACCGCCTATTAACATTTCAG
CAGTGCCTGTATGACAACGTTCTATATTRTCATTTGCAA

JN786948 序列：

GTCGAAACCACAGGGTATGGTTCCTTTGATCATGAGAACCCAACACGCTAGCTCTTCAC
GACTTTGTCGGGAAGGTTGGTAGTATCGCCCCCTTTATAGCCCTTCGTAAGGTGTCTAT
GTACAGTATGAGTCGTTACTGGGTGGCGGCCGTGATTACTGTGCGAGTTCGCATTTTGCT
GAGCTGTAGACTTGATGAGCATTGCTAGAATGCCGCCTTACTGTTTGTTTTGGTGGTTAC
GCACAGCGTCAACGCTTAGTGCGGCACCTGGTTGTCAGGCAATCTTAATGATCCGTTAT
GCGGACGCCAAAGCAGACGCTAACTTTTTATGTTTGAATTTTGCAGAACTGTGGCTTT
GAGTCACAATCGATATAAATACTACAATGTAGCCTGTTACATTGTTTGTCGAATGGC
GCTTGCATTCATTTGCAATCCCCGTTCTAGAAAAGAAACATATTGCAACATGTACGT
TAGCTATGCCTTAATAATAGATGAATGCGTTGTTACTACTGGATCGTTTAATGCCTGTTA
ACGTTCCARTGGGGCCTGATGACAGCGCTTCGTTATCTGATCTGGCTATGGCTAACKA
CACAGAATGACATATATTCGTTGTCACTGTTGACTTGTTTACCGCCTATTAACATTTCAG
CAGTGCCTGTATGACAACGTTCTATATTRTCATTTGCAA

11. 小唇片冠环线虫 ITS1+ITS2 序列

小唇片冠环线虫共测出 1 条序列，序列长 690 bp，登录号为 JN786949。测序结果与 GenBank 中已收录的相关序列（登录号：AJ004854+AJ004838）比较，长 3 个碱基，两者的同源性达到 99%。其序列碱基组成如下：

GTCGAAACCACAGGGTATGGTTCCTTTGATCATGAGAAACCAACACGCTAGCTCTTCAC
GACTTTGTCGGGAAGGTTGGTAGTATCGCCCCCTTTACAGCCCTTCGTAAGGTGTCTAT
GTACAGTATGAGTCGTTACTGGGTGGCGGCCGTGATTACTGTGCGAGTYCGCATTTTGCT
GAGCTTTAGACTTGATGAGCATTGCTAGAATGCCGCCTTACTGTTTGTTTTGGTGGT
TACGCACCAGCGGCAACGCTAAGTGCGGCACCTGGTTGTCAGGCAATCTTAATGATC
CGTTATGCGGACGCCAAAGCAGACGCTAACTTTTTATGTTTGATTTTTGCAGAACTGTG
GCTTTGAGTCACAATCGATATAAATACTACAATGAGGCCTGTTACATTGTTTGTCGAATG
GCGCTTGCATTCATTTGCAATCCCCATTCTAGAAAAGAAGCTAATTGCAACATGTACGT
TAACTATTCCTTAATAACAGAAGTGAATGCGTTGTTACTGCTGGATCGTTTAATGCCTGT
TAACGTTCCAGCGGGGCCTGATGACAGCGCTTCGTTATCTGATTTGGCCATGGCTAACTA
CACAGAATGACATATATTCGTTGTCACTGTTGACTTGTTTACCGCCTACTAACATTTCAG
CAGTGCCTGTATGACAACGTTCTATATTGTCATTTGCAA

12. 双冠双冠线虫 ITS1+ITS2 序列

双冠双冠线虫共测出 1 条序列，序列长 689 bp，登录号为 KP693441。测序结果与 GenBank 中已收录的相关序列（登录号：AJ228243+AJ004845）比较，长度一样，两者的同源性达到 100%。其序列碱基组成如下：

GTCGAAACCACAGGGTATGGTTCCTTTGATCATGAGAACCCAACATGCTTGCTCTTCAC
GACTTTGTCGGGAAGGTTGGTAGTATCGCCCCCTTTACAGCCCTTCGTAAGGTGTC
TATGTACAGTATGAGTCGTTACTGGGTGGCGGCCGTGATTACTGTGCGAAGTTCG
CATTTTGCTGAGCTTTAGACTTGATGAGCATTGCTGGAATGCCGCCTTACTGTTTGTTTTG
GTGGTTAGGCACAGCGGCAACGCTTAGTGCGGCACCTGGTTGTCAGGCAATCTTA
ATGATCCGTTTATGCGGACGCCAAAGCAGACGCTAACTTTTTATGTTTGAATTTTG
CAGAACTGTGACTTTGAGTCACAATCGATATAAATACTACAATGTGGCCTGTTA
CATTGTTTGTCGAATGGCGCTTGCATTCATTTGCAATCCCCATTCTAGAAAAGAAG
CATATCGCAACATGTATGTTGGCTATGATGCGAACAGAGATGAATGCGTTGTTACT
GCTGGATCGTTTACCGCCTGTTAACGTTCCAGTGGGGCCTGATGACAGCGCTTTAT
TATCTGATTTGGCTTCGGCTAACTACACGGAATGACATATATTCGTTGTCACTGCT
GATTTGTTTACCGCCTACTAACATTTTAGCAGTGCCTGTATGACAGCGTTTTATATTGT
CATTTGCAA

13. 辐射杯环线虫 ITS1+ITS2 序列

辐射杯环线虫共测出 2 条序列，序列分别长 687 bp 和 686 bp，登录号为 JQ906423-JQ906424，两条序列同源性为 98.8%。GenBank 中尚未收录该线虫的相关序列。其序列碱基组成如下：

JQ906423 序列：

GTCGAAACCACATATGGTTCCTTTGATCATGAGAAACCAACATGCTTGCTCTTCAC
GACTTTGTCGGGAAGGTTGGTAGTATCGCCCCCCTTTACAGCCCTTCGTAAGGTGTCTAT
GTACAGTATGAGTCGTTACTGGGTGGCGGCCGTGATTATTGTACGAGTTCGCATTTTGCT
GAGCTTTAGACTTGATGAGCATTGCTGGAATGCCGCCTTACTGTTTGTTTTGGTGGTTAG
GCACAGCGGTAACGCTTAGTGCGACACCTGGTTGTCAGGCAATCTTAATGATTCGTTTAT
GCGGACGCCAAAGCAAACGCTAACTTTTTATGTTTGAATTTTGCAGAACTGTGACTTT
GAGTCACAATCGATATAAATACTACAATGTGGCTTGTTACATTGTTTGTCGAATGGC
GCTTGCATTCATTTGCAATCCCCATTCTAGAAAAGAAGCATATTGCAACATGTATGTTAG
CCATGCCTTAAGAACAGAAGTGAATGCGTTGTTACTGCTAGATCGTTTAATGCCTGTTA
ACGATCCAGTGGGGCCTGATGACAGCGCTTCGTTATCTGATTTGGTTATGGCTAACTA
CACAGAATGACATATATTCGTTGTCACTGTTGACTTGTTTACCGCCTATTAACATTTCAG
CAGTGCCTGTATGACAACGTTCTATATTGTCATTTGCAA

JQ906424 序列：

GTCGAAACCACATATGGTTCCTTTGATCATGAGAAACCACATGCTTGCTCTTCAC
GACTTTGTCGGGAAGGTTGGTAGTATCGCCCCCCTTTACAGCCCTTCGTAAGGTGTCTAT
GTACAGTATGAGTCGTTACTGGGTGGCGGCCGTGATTACTGTGCGAGTTCGCATTTTGCT
GAGCTTTAGACTTGATGAGCATTGCTGGAATGCCGCCTTACTGTTTGTTTTGGTGGTTAG
GCACAGCGGTAACGCTTAGTGCGACACCTGGTTGTCAGGCAATCTTAATGATCCGTTTAT
GCGGACGCCAAAGCAAACGCTAACTTTTTATGTTTGAATTTTGCAGAACTGTGACTTT
GAGTCACAATCGATATAAATACTACAATGTGGCTATTACATTGTTTGTCGAATGGC
GCTTGCATTCATTTGCAATCCCCATTCTAGAAAAGAAGCATATTGCAACATGTATGTTAG
CCATGCCTTAAGAACAGAAGTGAATGCGTTGTTACCGCTAGATCGTTTAATGCCTGTTA
ACGATCCAGTGGGGCCTGATGACAGCGCTTCGTTATCTGATTTGGCTATGGCTAACTA
CACAGAATGACATATATTCGTTGTCACTGTTGACTTGTTTACCGCCTATTAACATTTCAG
CAGTGCCTGTATGACAACGTTCTATATTGTCATTTGCAA

14. 艾氏杯环线虫 ITS1+ITS2 序列

艾氏杯环线虫共测出 3 条序列，序列均长 676 bp，登录号为 JQ906409-JQ906411，三者之间的同源性为 99.7%~99.9%。GenBank 中尚未收录该线虫的相关序列。其序列碱基组成如下：

JQ906409 序列：

GTCGAAACCACAGGGTATGGTTCCTTTGATCATGAGAAACCAACATGCTTGCTCTTCAC
GACTTTGTCGGGAAGGTTGGTAGTATCGCCCCCTTTACAGCCCTTCGTAAGGTGTCTATG
TACAGTTTGAGTCGTTACTGGGTGGCGGCCGTGATAACTGTGCGAGTTCGCATTTTGCT
GAGCTTTAGACTTGATGAGCATTGCTGGAATGCCGCCTTACTGTTTGTTTTGGTGGTTAG
GCACGGCGGTAACGCTTAGTGCGGCACCTGGTTGTCAGGCAATCTTAATGATCCGTTTAT
GCGGACGCCAAAGCAGACGCTAACTTTTTAAGTTTGATTTTGCAGAACTGTGACTTT
GAGTCACAATCGATATAGATACTACAATGTGGCTATTACATTGTTTGTCGAATGGC
GCTTGCATTCATTTGCAATCCCCATTCTAGAAAAGAAGCATATTGCAACATGTATGT

CAGCCATGCGGTAGTGAATGCGTTGTTACTGCTGTATCGTTTAATGACTGTTAACGTTA
CAGTGGGACTGATGACAGCGCTTCATAAGCTGATTTGGCTTTGACTACACAGAATGA
CATATATTCGCTGTTACTGTTGACTTGTTTACCGACTACTAACATTTCAACGGAGACTG
TATGACAGCGTTCTATATTGTCATTTGCAA

JQ906410 序列：
GTCGAAACCACAGGGTATGGTTCCTTTGATCATGAGAAACCAACATGCTTGCTCTTCAC
GACTTTGTCGGGAAGGTTGGTAGTATCGCCCCCTTTACAGCCCTTCGTAAGGTGTCTATG
TACAGTTTGAGTCGTTACTGGGTGGCGGCCGTGATAACTGTGCGAGTTCGCATTTTGCT
GAGCTTTAGACTTGATGAGCATTGCTGGAATGCCGCCTTACTGTTTGTTTTGGTGGTTAG
GCACGGCGGTAACGCTTAGTGCGGCACCTGGTTGTCAGGCAATCTTAATGATCCGTTTAT
GCGGACGCCAAAGCAGACGCTAACTTTTTATGTTTGATTTTTGCAGAACTGTGACTTT
GAGTCACAATCGATATAGATACTACAATGTGGACTATTACATTGTTTGTCGAATGGC
GCTTGCATTCATTTGCAATCCCCATTCTAGAAAAGAAGCATATTGCAACATGTATGT
CAGCCATGCGGTAGTGAATGCGTTGTTACTGCTGTATCGTTTAATGACTGTTAACGTTA
CAGTGGGACTGATGACAGCGCTTCATAAGCTGATTTGGCTTTGACTACACAGAATGA
CATATATTCGCTGTTACTGTTGACTTGTTTACCGACTACTAACATTTCAACGGTGACTG
TATGACAGCGTTCTATATTGTCATTTGCAA

JQ906411 序列：
GTCGAAACCACAGGGTATGGTTCCTTTGATCATGAGAAACCAACATGCTTGCTCTTCAC
GACTTTGTCGGGAAGGTTGGTAGTATCGCCCCCTTTACAGCCCTTCGTAAGGTGTCTATG
TACAGTTTGAGTCGTTACTGGGTGGCGGCCGTGATAACTGTGCGAGTTCGCATTTTGCT
GAGCTTTAGACTTGATGAGCATTGCTGGAATGCCGCCTTACTGTTTGTTTTGGTGGTTAG
GCACGGCGGTAACGCTTAGTGCGGCACCTGGTTGTCAGGCAATCTTAATGATCCGTTTAT
GCGGACGCCAAAGCAGACGCTAACTTTTTAAGTTTGATTTTTGCAGAACTGTGACTTT
GAGTCACAATCGATATAGATACTACAATGTGGACTATTACATTGTTTGTCGAATGGC
GCTTGCATTCATTTGCAATCCCCATTCTAGAAAAGAAGCATATTGCAACATGTATGT
CAGCCATGCGGTAGTGAATGCGTTGTTACTGCTGTATCGTTTAATGACTGTTAACGTTA
CAGTGGGACTGATGACAGCGCTTCATAAGCTGATTTGGCTTTGACTACACAGAATGA
CATATATTCGCTGTTACTGTTGACTTGTTTACCGACTACTAACATTTCAACGGGGACTG
TATGACAGCGTTCTATATTGTCATTTGCAA

15. 阿氏杯环线虫 ITS1+ITS2 序列

阿氏杯环线虫共测出 2 条序列，序列均长 681 bp，登录号为 JQ906412-JQ906413，两条序列同源性为 99.4%。测序结果与 GenBank 中已收录的相关序列（登录号：Y08586）比较，长度一样，两者的同源性达到 98.9%~99.6%。其序列碱基组成如下：

JQ906412 序列：
GTCGAAACCACATATGGTTCCTTTGATCATGAGAAACCAACATGCTTGCTCTTCAC
GACTTTGTCGGGAAGGTTGGTAGTATCGCCCCCTTTACAGCCCTTCGTAAGGTGTCTATG
TACAGTATGAGTCGTTACTGGGTGGCGGCCGTGATTACTGTGCGAGTTCGCATTTTGCT

GAGCTTTAGACTTGATGAGCATTGCTGGAATGCCGCCTTACTGTTTGTTTTGGTGGTTAG
GCACAGCGGTAACGCTTAGTGCGACACCTGGTTGTCAGGCAATCTTAATGATCCGTTTAT
GCGGACGCCAAAGCAAACGCTAACTTTTTATGTTTGAATTTTGCAGAACTGTGACTTT
GAGTCACAATCGATATAAATACTACAATGTGGCCTGTTACATTGTTTGTCGAATGGC
GCTTGCATTCATTTGCAATCCCCATTCTAGAAAAGAAGCATATTGCAACATGTATGT
TAGCTGCCTTAAGAGAAGTGAATGCGTTGTTACTGCTAGATCGTTTAATGCCTGTTAAC
GATCCAGTGGGGCCTGATGACAGCGCTTCCCTATCTGATTTGGCTATGGCTAACTACA
CAGAATGACATATATTCGTTGTCACTGTTGACGTGTTTACCGCCTATTAACATTTCAG
CAGTGCCTGTATGACAACGTTTTATATTGTCATTTGCAA

JQ906413 序列：
GTCGAAACCACATATGGTTCCTTTGATCATGAGAAACCAACATGCTTGCTCTTCAC
GACTTTGTCGGGAAGGTTGGTAGTATCGCCCCCTTTACAGCCCTTCGTAAGGTGTCTATG
TACAGTATGAGTCGTTACTGGGTGGCGGCCGTGATTACTGTGCGAGTTCGCATTTTGCT
GAGCTTGGACTTGATGAGCATTGCTGGAATGCCGCCTTACTGTTTGTTTTGGTGGTTAT
GCACAGCGGTAACGCTTAGTGCGACACCTGGTTGTCAGGCAATCTTAATGATCCGTTTAT
GCGGACGCCAAAGCAAACGCTAACTTTTTATGTTTGAATTTTGCAGAACTGTGACTTT
GAGTCACAATCGATATAAATACTACAATGTGGCCTGTTACATTGTTTGTCGAATGGC
GCTTGCATTCATTTGCAATCCCCATTCTAGAGAAGAAGCATATTGCAACATGTATGT
TAGCTGCCTTAAGAGAAGTGAATGCGCTGTTACTGCTAGATCGTTTAATGCCTGTTAAC
GATCCAGTGGGGCCTGATGACAGCGCTTCCTTATCCGATTTGGCTACGGCTAACTACA
CAGAATGACATATATTCGTTGTCACTGTTGACGTGTTTACCGCCTATTAACATTTCAG
CAGTGCCTGTATGACAACGTTCTATACTGTCATTTGCAA

16. 耳状杯环线虫 ITS1+ITS2 序列

耳状杯环线虫共测出 3 条序列，序列均长 689 bp，登录号为 JQ906414–JQ906416，三者之间的同源性为 99.7%～99.9%。GenBank 中尚未收录该线虫的相关序列。其序列碱基组成如下：

JQ906414 序列：
GTCGAAACCACAGGGTATGGTTCCTTTGATCATGAGAAACCAACATGCTTGCTCTTCAC
GACTTTGTCGGGAAGGTTGGTAGTATCGCCCCCTTTACAGCCCTTTGTAAGGTGTCTAT
GTACAGTATGAGTCGTTACTGGGTGGCGGCCGTGATTACTGTGCGAGTTCGCATTTTGCT
GAGCTTTAGACTTGATGAGCATTGCTGGAATGCCGCCTTACTGTTTGTTTTGGTGGT
TAGGCACAGCGGTAACGCTAGTGCGGCACCTGGTTGTCAGGCAATCTTAATGATC
CGTTATGCGGACGCCAAAGCAGACGCTAACTTTTTACGTTTAAATTTTGCAGAACTGT
GACTTTAAGTCACAATCGATATAAATACTACAATGTGGCCTGTTACATTGTTTGTCGAAT
GGCGCTTGCATTCATTTGCGATCCCCATTCTAGAAAAGAAGCATATTGCAGCATGTAT
GTTAGTTGTGCCTCAAGAACAGAGTGAATGCGTTGTTACTGCTGAAACGTTTAATG
CCTGTTAACGTTCCGGTGGGGCCTGATGACAATGCTTCGTTATCTGATTTGGCTATG
GCTAACTACACAGAATGACATATATTCGTTGTCACTGTTGACTTGTTTACCGCCTACTAA

CATTTCAGCAGTGCCTGTATGACAACGTTCTATATTGTCATTTGCAA

JQ906415 序列：

GTCGAAACCACAGGGTATGGTTCCTTTGATCATGAGAAACCAACATGCTTGCTCTTCAC
GACTTTGTCGGGAAGGTTGGTAGTATCGCCCCCTTTACAGCCCTTTGTAAGGTGTCTAT
GTACAGTATGAGTCGTTACTGGGTGGCGGCCGTGATTACTGTGCGAGTTCGCATTTTGCT
GAGCTTTAGACTTGATGAGCATTGCTGGAATGCCGCCTTACTGTTTGTTTTGGTGGT
TAGGCACAGCGGTAACGCTAGTGCGGCACCTGGTTGTCAGGCAATCTTAATGATC
CGTTATGCGGACGCCAAAGCAGACGCTAACTTTTACGTTTAAATTTTGCAGAACTGT
GACTTTAAGTCACAATCGATATAAATACTACAATGTGGCCTGTTACATTGTTTGTCGAAT
GGCGCTTGCATTCATTTGCGATCCCCATTCTAGAAAAGAAGCATATTGCAACATGTAT
GTTAGTTGTGCCTCAAGAACAGAAGTGAATGCGTTGTTACTGCTGAAACGTTTAATG
CCTGTTAACGTTCCGGTGGGGCCTGATGACAATGCTTCGTTATCTGATTTGGCTATG
GCTAACTACACAGAATGACATATATTCGTTGTCACTGTTGACTTGTTTACCGCCTACTAA
CATTTCAGCAGTGCCTGTATGACAACGTTCTATATTGTCATTTGCAA

JQ906416 序列：

GTCGAAACCACAGGGTATGGTTCCTTTGATCATGAGAAACCAACATGCTTGCTCTTCAC
GACTTTGTCGGGAAGGTTGGTAGTATCGCCCCCTTTACAGCCCTTTGTAAGGTGTCTAT
GTACAGTATGAGTCGTTACTGGGTGGCGGCCGTGATTACTGTGCGAGTTCGCATTTTGCT
GAGCTTTAGACTTGATGAGCATTGCTGGAATGCCGCCTTACTGTTTGTTTTGGTGGT
TAGGCACAGCGGTAACGCTAGTGCGGCACCTGGTTGTCAGGCAATCTTAATGATC
CGTTATGCGGACGCCAAAGCAGACGCTAACTTTTACGTTTAAATTTTGCAGAACTGT
GACTTTAAGTCACAATCGATATAAATACTACAATGTGGCCTGTTACATTGTTTGTCGAAT
GGCGCTTGCATTCATTTGCGATCCCCATTCTAGAAAAGAAGCATATTGCACCATGTAT
GTTAGTTGTGCCTCAAGAACAGAAGTGAATGCGTTGTTACTGCTGAAACGTTTAATG
CCTGTTAACGTTCCGGTGGGGCCTGATGACAATGCTTCGTTATCTGATTTGGCTATG
GCTAACTACACAGAATGACATATATTCGTTGTCACTGTTGACTTGTTTACCGCCTACTAA
CATTTCAGCAGTGCCTGTATGACAACGTTCTATAGTGTCATTTGCAA

17. 长形杯环线虫 ITS1+ITS2 序列

长形杯环线虫共测出 1 条序列，序列长 689 bp，登录号为 JQ906417。GenBank 中尚未收录该线虫的相关序列。其序列碱基组成如下：

GTCGAAACCACAGGGTATGGTTCCTTTGATCATGAGAAACCAACACGCTTGCTCTTCAC
GACTTTGTCGGGAAGGTTGGTAGTATCGCCCCCTTTACAGCCCTTCGTAAGGTGTCTAT
GTGCAGTATGAGTCGTTACTGGGTGGCGGCCGTGATTACTGTGCGAGTTCGCATTTTGCT
GAGCTTAGACTTGATGAGCATTGCTGGAATGCCGCCTTACTGTTTGTTTTGGTGGTTACG
CACAGCGGTAACGCTTAGTGCGGCACCTGGTTGTCAGGCAATCTTAATGATCCGTTTAT
GCGGACGCCAAAGCAGACGCTAACTTTTTATGTTTGAATTTTGCAGAAATGTGACTTTA
AGTCACAATCGATATAAATACTACAATGTGGCCTGTTACATTGTTTGTCGAATGGC
GCTTGCATTCAATTGCAATCCCCATTCTAGAAAAGAAGCATATTGCAACATGTATGTTG

GCTAAGCCTTACAAACAGAAATGAATACGTTGTTACTGCTGGATTGTTTAATGCCTGT
TAACGTTCCAGTGGGGCCTGATGACAGCGCTTCGTTATCTGATTTGGCTATGGCTAACTA
CACAGAATGACATATATTCGTTGTCACTGCTGATTTGTTTACCGCCTACTAACATTTCAG
CAGTGCCTGTATGACAACGTTCTATATTGTCATTTGCAA

18. 显形杯环线虫 ITS1+ITS2 序列

显形杯环线虫共测出 2 条序列，序列均长 690 bp，登录号为 JQ906418-JQ906419，两条序列同源性为 99.6%。测序结果与 GenBank 中已收录的相关序列（登录号：Y08588）比较，长度一样，两者的同源性达到 99.9%~100%。其序列碱基组成如下：

JQ906418 序列：

GTCGAAACCACAGGGTATGGTTCCTTTGATCATGAGAAACCAACATGCTTGCTCTTCAC
GACTTTGTCGGGAAGGTTGGTAGTATCGCCCCCTTTACAGCCCTTCGTAAGGTGTCTAT
GTACAGTATGAGTCGTTATTGGGTGGCGGCCGTGATTACTGTGCGAGTTCGCATTTTGCT
GAGCTTTAGACTTGATGAGCATTGCTGGAATGCCGCCTTACTGTTTGTTTTGGTGGTTAG
GCACAGCGGTAACGCTAGTGCGGCACCTGGTTGTCAGGCAATCTTAATGATCCGTTTAT
GCGGACGCCAAAGCAGACGCTAACTTTTAACATTTGAATTTTGCAGAACTGTGACTTT
GAGTCACAATCGATATGAATACTACAATGTGGCCTGTTACATTGTTTGTCGAATGGC
GCTTGCATTCATTTGCAATCCCCATTCTAGAAAAGAAGCATATTGCAACATGTATGT
TAGTTGTGCTTTAAGAACAGAAGTGAACGCGTTGTTACTGCTGAAACATTTAATGCCT
GTTAACGTTTCAGTGGAGGCCTGATGACATCGCTTCGTTATCTGATTTGGCTATGGCTA
ACTACACAGAATGACATATATTCGTTGTCACTGTTGACTTGTTTACCGCCTACTAA
CATTTCAGCAGTGCCTGTATGACAACGTTCTATATTGTCATTTGCAA

JQ906419 序列：

GTCGAAACCACAGGGTATGGTTCCTTTGATCATGAGAAACCAACATGCTTGCTCTTCAC
GACTTTGTCGGGAAGGTTGGTAGTATCGCCCCCTTTACAGCCCTTCGTAAGGTGTCTAT
GTACAGTATGAGTCGTTACTGGGTGGCGGCCGTGATTACTGTGCGAGTTCGCATTTTGCT
GAGCTTTAGACTTGATGAGCATTGCTGGAATGCCGCCTTACTGTTTGTTTTGGTGGTTAG
GCACAGCGGTAACGCTAGTGCGGCACCTGGTTGTCAGGCAATCTTAATGATCCGTTTAT
GCGGACGCCAAAGCAGACGCTAACTTTTAACATTTGAATTTTGCAGAACTGTGACTTT
GAGTCACAATCGATATGAATACTACAATGTGGCCTGTTACATTGTTTGTCGAATGGC
GCTTGCATTCATTTGCAATCCCCATTCTAGAAAAGAAGCATATTGCAACATGTATGT
TAGTTGTGCTTTAAGAACAGAAGTGAACGCGTTGTTACTGCTGAAACGTTTAATGCCT
GTTAACGTTTCAGTGGAGGCCTGATGACATCGCTTCGTTATCTGATTTGGCTATGGCTA
ACTACACAGAATGACATATATTCGTTGTCACTGTTGACTTGTTTACCGCCTACTAA
CATTTCAGCAGTGCCTGTATGACAACGTTCTATATTGTCATTTGCAA

19. 细口杯环线虫 ITS1+ITS2 序列

细口杯环线虫共测出 1 条序列，序列长 684 bp，登录号为 KP693432。测序结果与 GenBank 中已收录的相关序列（登录号：AJ004849+Y08587）比较，长度一样，两者的同源性达到 99.9%。其序列碱基组成如下：

GTCGAAACCACATATGGTTCCTTTGATCATGAGAAACCAACATGCTTGTTCTTCAC
GACTTTGTCGGGAAGGTTGGTAGTATCGCCCCCTTTACAGCCCTTCGTAAGGTGTCTATG
TACAGTATGAGTCGTTACTGGGTGGCGGCCGTGATTACTGTGCGAGTTCGCATTTTGCT
GAGCTTTAGACTTGATGAGCATTGCTRGAATGCCGCCTTACTGTTTGTTTTGGTGGTTAG
GCACAGCGGTAACGCTTAGTGCGACACCTGGTTGTCAGGCAATCTTAATGATCCGTTTAT
GCGGACGCCAAAGCAAACGCTAACTTTTTATGTTTGAATTTTGCAGAACTGTGACTTT
GAGTCACAATCGATATAAATACTACAATGTGGCCTGTTACATTGTTTGTCGAATGGC
GCTTGCATTCATTTGCAATCCCCATTCTAGAAAAGAAGCATATTGCAACATGTATGT
TAGCTGCCTTAAGAACAGAAGGGAATGCGTTGTTACTGCTAGATTGTTTAATGCCTGT
TAACGATCTAGTGGGGCCTGATGACAGCGCTTCCTTMTCTGATTTGGCTATTGCTAACTA
CACAGAATGACATATATTCGTTGTCACTGTTGACGTGTTTACCGCCTATTAACATTTCAG
CAGTGCCTGTATGACAACGTTCTATATTGTCATTTGCAA

20. 鼻状杯环线虫 ITS1+ITS2 序列

鼻状杯环线虫共测出 3 条序列，序列均长 690 bp，登录号为 JQ906420-JQ906422，三者之间的同源性为 99.6%~99.9%。测序结果与 GenBank 中已收录的相关序列（登录号：Y08585）比较，长度一样，两者的同源性达到 99.71%~100%。其序列碱基组成如下：

JQ906420 序列：
GTCGAAACCACAGGGTATGGTTCCTTTGATCATGAGAAACCAACGTGCTTGCTCTTCAC
GACTTTGTCGGGAAGGTTGGTAGTATCGCCCCCTTTACAGCCCTTCGTAAGGTGTCTAT
GTACAGTTTGAGTCGTTACTGGGTGGCGGCCGTGATTACTGTACGAGTTCGCATTTTGCT
GAGCTTTAGACTTGATGAGCATTGCTGGAATGCCGCCTTACTGTTTGTTTTGGTGGT
TAGGCACAGCGGTAACGCTTAGTGCGACACCTGGTTGTCAGGCAATCTTAATGATC
CGTTTATGCGGACGCCAAAGCAGACGCTAACTTTTTATGTTTGAATTTTGCAGAACT
GTGACTTTGAGTCACAATCGATATAAATACTACAATGTGGCCTGTTACATTGTTTGTC
GAATGGCGCTTGCATTCATTTGCGATCCCCATTCTAGAAAAGAAGCACATTGCAACAT
GTATGTTAGCCATGCCTTAAAAACAGAAGTGAATGCGCTGTTACCGCTAGATCGTTTA
ATGCCTGTTAACGATTTAGTGGGGCCTGATGACAGCGCTTCGTTATCTGATTTGGCTATG
GCTAACTACACAGAATGACATATATTCGTTGTCACTGTTGACGTGTTTACCGCCTATTAA
CATTTCAGCAGTGCTTGTATGACAACGTTCTATATTGTCATTTGCAA

JQ906421 序列：
GTCGAAACCACAGGGTATGGTTCCTTTGATCATGAGAAACCAACGTGCTTGCTCTTCAC
GACTTTGTCGGGAAGGTTGGTAGTATCGCCCCCTTTACAGCCCTTCGTAAGGTGTCTAT
GTACAGTTTGAGTCGTTACTGGGTGGCGGCCGTGATTACTGTACGAGTTCGCATTTTGCT
GAGCTTTAGACTTGATGAGCATTGCTGGAATGCCGCCTTACTGTTTGTTTTGGTGGT
TAGGCACAGCGGTAACGCTTAGTGCGACACCTGGTTGTCAGGCAATCTTAATGATC
CGTTTATGCGGACGCCAAAGCAGACGCTAACTTTTTATGTTTGAATTTTGCAGAACT
GTGACTTTGAGTCACAATCGATATAAATACTACAATGTGGCCTGTTACATTGTTTGTC

GAATGGCGCTTGCATTCATTTGCGATCCCCATTCTAGAAAAGAAGCATATTGCAACAT
GTATGTTAGCCATGCCTTAAAAACAGAAGTGAATGCGCTGTTACCGCTAGATCGTTTA
ATGCCTGTTAACGATTTAGTGGGGCCTGATGACAGCGCTTCGTTATCTGATTTGGCTATG
GCTAACTACACAGAATGACATATATTCGTTGTCACTGTTGACGTGTTTACCGCCTATTAA
CATTTCAGCAGTGCCTGTATGACAACGTTCTATATTGTCATTTGCAA

JQ906422 序列：

GTCGAAACCACAGGGTATGGTTCCTTTGATCATGAGAAACCAACGTGCTTGCTCTTCAC
GACTTTGTCGGGAAGGTTGGTAGTATCGCCCCCCTTTACAGCCCTTCGTAAGGTGTCTAT
GTACAGTTTGAGTCGTTACTGGGTGGCGGCCGTGATTACTGTACGAGTTCGCATTTTGCT
GAGCTTTAGACTTGATGAGCATTGCTGGAATGCCGCCTTACTGTTTGTTTTGGTGGT
TAGGCACAGCGGTAACGCTTAGTGCGACACCTGGTTGTCAGGCAATCTTAATGATC
CGTTTATGCGGACGCCAAAGCAGACGCTAACTTTTTATGTTTGAATTTTGCAGAACT
GTGACTTTGAGTCACAATCGATATAAATACTACAATGTGGCCTGTTACATTGTTTGTC
GAATGGCGCTTGCATTCATTTGCGATCCCCATTCTAGAAAAGAAGCATATTGCAACAT
GTATGTTAGCCATGCCTTAAAAACAGAAGTGAATGCGCTGTTACCGCTAGATCGTTTA
ATGCCTGTTAACGATTTAGTGGGGCCTGATGACAGCGCTTCGTTATCTGATTTGGCTATG
GCTAACTACACAGAATGACATATATTCGTTGTCACTGTTGACGTGTTTACCGCCTATTAA
CATTTCAGCAGTGCCTGTATGACAACGTTCTATATTGTCATTTACAA

21. 外射杯环线虫 ITS1+ITS2 序列

外射杯环线虫共测出 1 条序列，序列长 737 bp，登录号为 KP693431。测序结果与 GenBank 中已收录的相关序列（登录号：AJ004850+AJ004836）比较，少 2 个碱基，同源性达到 99.5%。其序列碱基组成如下：

GTCGAAACCAAAAAACTAGGTTCTTCAGTTGATCATGAGAACCCAACAC
GCTTGTTTCTTCACTGACTTTGTCAGGAAGGTTGGTAGTATCGCCCCCTTTAGAGCCCTTC
CGTAAGGTGTCTATGTACAGTATGAGTCGTTACTGGGTGGCGGCTATGATTGCTGTGC
GAAGCTCGCCTTGTGCTGAGCTTTAGACTTGATGAGCATTGCACGAATGCCGCCTTACT
GTTTGTTTTGGTGGTTAGGCACGCAGTGGTAACGCTGTTAAGTGCGACACCTGGTTGTCA
CAGGCAATCTTAATGATCCGCCTATGCGGACGCCAAGATAGACGCTAACTGTTTTCAT
GTTTGAATCTTGCAGAATCGTGACTTTAAGTCACAATCGATATATGTGTATACTACAAT
GTGGCCTGTATAACATTGTTTGTCGAATGGCGCTTGCATTTGTTGCAATCCCCGTTCTAG
TAAAGAAGCATACTGCAACATGTATGTTCGCTTTGGCTAACAACGCACATCGACG
TAATTTGTCGTTGCCACTATTAGATCGTTTACCGCCTGCCTGTTAACGTTCTAGTGGC
GCTTGCTGGCAACGGATTCTAGTTCGTTCTATTTGCAATGTGGCCATAGCATACTACA
CAGAATGACGTATACTCGTTGTTACTGTTGATTTGTTTACCGCATACTAACATTTCAA
CAGTGCCTCTATGACAACGACGCGTTCTATACTGTCATTTGAAA

22. 小杯杯冠线虫 ITS1+ITS2 序列

小杯杯冠线虫共测出 1 条序列，序列长 687 bp，登录号为 KM085356。测序结果与 GenBank 中已收录的相关序列（登录号：AJ228238+AJ004840）比较，少 1 个碱基，同源性达到99%。其序列碱基组成如下：
GTCGAAACCACAAGGTATGGTTCCTTTGATCATGAGAAACCAACACGCATGCTCTTCAC
GACTTTGTCGGGAAGGTTGGTAGTATCGCCCCCTTTACAGCCCTTCGTAAGGTGTCTAT
GTACAGTATGAGTCGTTACTGGGTGGCGGCCGTGATTACTGTGCGAGTTCGCATTTTGCT
GAGCTTAGACTTGATGAGCATTGCTAGAATGCCGCCTTACTGTTTGTTTTGGTGGTTAG
GCACAGCGGCAACGCTAGTGCGGCACCTGGTTGTCAGGCAATCTTAATGATCCGTTAG
GCGGACGCCAAAGCAGACGCTAACTTTTTATGTTTGAATTTTGCAGAACTGTGACTTT
GAGTCACAATCGATATAAATACTACAATGTGGCCTGTTACATTGTTTGTCGAATGGC
GCTTGCATTCATTTGCAATCCCCATTCTAGAAAAGAAGCATATTGCAACATGTATGTTG
GCTATGTCCCAAAAACGAGAATGAATGCGTTGTTACTACTGGATCGTTTAATGCCTGT
TAACGTTCCAGTGGGGCCTGACGACAGCGCTTCGTTATCTGATTTGGCTATGGCTAACTA
CACAGAATGACATATAATCGTTGTCACTGTTGACTTGTTTACCGCCTACTAACATTTCAG
CAGTGCCTGTATGACAACGTTCTATATTGTCATTTGCAA

23. 高氏杯冠线虫 ITS1+ITS2 序列

高氏杯冠线虫共测出 1 条序列，序列长 686 bp，登录号为 KM085357。测序结果与 GenBank 中已收录的相关序列（登录号：AJ228239+AJ004841）比较，长 1 个碱基，同源性达到 99.9%。其序列碱基组成如下：
GTCGAAACCACAAGGTATGGTTCCTTTGATCATGAGAACCCAACACGCTTGCTCTTCAC
GACTTTGTCGGGAAGGTTGGTAGTATCGCCCCCTTTACAGCCCTTCGTAAGGTGTCTAT
GTACAGTATGAGTCGTTACTGGGTGGCGGCCGTGATTACTGTGCGAGTTCGCATTTTGCT
GAGCTTAGACTTGATGAGCATTGCTAGAATGCCGCCTTACTGTTTGTTTTGGTGGTTAG
GCACAGCGGCAACGCTTAGTGCGGCACCTGGTTGTCAGGCAATCTTAATGATCCGTTAT
GCGGACGCCAAAGCAAACGCTAACTTTTTATATTTGAATTTTGCAGAACTGTGGCTTT
GAGTCACAATCGATATAAATACTACAATGTGGCCTGTTACATTGTTTGTCGAATGGC
GCTTGCATTCATTTGCAATCCCCATTCTAGAAAAGAAGCATATTGCAACATGTATGTTG
GCTATGCCTTAACAGAAGTGAGTGCGTTGTTACTGCTGGTTCGTTTAATGCCTGTTAAC
GTTCCAGTAGGGCCTGATGACAGCGCTTCGTTATCTGATTTGGCTATAGCTAATTACA
CAGAATGACATATATTCGTTGTCACTGCTGACTTGTTTACCGCCTACTAACACTTCAG
CAGTGCCTGTATGACAACGTTCTATATTGTCATTTGCAA

24. 长伞杯冠线虫 ITS1+ITS2 序列

长伞杯冠线虫共测出 2 条序列，序列均长 689 bp，登录号为 KM085358 - KM085359，两条序列同源性为 99.9%。测序结果与 GenBank 中已收录的相关序列（登录号：AJ228240+AJ004842）比较，长度一样，两者的同源性达到 99.6%~99.7%。其序列碱基组成如下：

KM085358 序列：
GTCGAAACCACATGGTATGGTTCCTTTGATCATGAGAACCCAACACGCTTGCTCTTCAC
GACTTTGTCGGGAAGGTTGGTAGTATCGCCCCCTTTACAGCCCTTCGTAAGGTGTCTAT
GTACAGTTTGAGTCGTTACTGGGTGGCGGCCGTGATTACTGTGCGAGTTCGCATTTTGCT

GAGCTTTAGACTTGATGAGCATTGCTAGAATGCCGCCTTACTGTTTGTTTTGGTGGTTAG
GCACAGCGGCAACGCTTAGTGCGGCACCTGGTTGTCAGGCAATCTTAATGATCCGTTAT
GCGGACGCCAAAGCAGACGCTAACTTTTTATATTTGAATTTTGCAGAACTGTGACTTT
GAGTCACAATCGATATAAATACTACAATGTGGCCTGTTACATTGTTTGTCGAATGGC
GCTTGCATTCATTTGCAATCCCCATTCTAGAAAAGAAGCATATTGCAACATGTATGTTG
GCTCTGCCTGAGGAACAGAAGTGAATGCGTTGTTACTGCTAGATGGTTTAATGCCTGT
TAACGTTCCAGCAGGGCCTGATGACAGCGCTTCGTTATCTGATTTGGCTATAGCTAATTA
CACAGAATGACATATATTCGTTGTCACTGTTGACTTGTTTACCGCCTACTAACATTTCAG
CAGTGCCTGTATGACAACGTTCTATAATGTCATTTGCAA

KM085359 序列：
GTCGAAACCACATGGTATGGTTCCTTTGATCATGAGAACCCAACACGCTTGCTCTTCAC
GACTTTGTCGGGAAGGTTGGTAGTATCGCCCCCCTTTACAGCCCTTCGTAAGGTGTCTAT
GTACAGTTTGAGTCGTTACTGGGTGGCGGCCGTGATTACTGTGCGAGTTCGCATTTTGCT
GAGCTTTAGACTTGATGAGCATTGCTAGAATGCCGCCTTACTGTTTGTTTTGGTGGTTAG
GCACAGCGGCAACGCTTAGTGCGGCACCTGGTTGTCAGGCAATCTTAATGATCCGTTAT
GCGGACGCCAAAGCAGACGCTAACTTTTTATATTTGAATTTTGCAGAACTGTGACTTT
GAGTCACAATCGATATAAATACTACAATGTGGCCTGTTACATTGTTTGTCGAATGGC
GCTTGCATTCATTTGCAATCCCCATTCTAGAAAAGAAGCATATTGCAACATGTATGTTG
GCTATGCCTGAGGAACAGAAGTGAATGCGTTGTTACTGCTAGATGGTTTAATGCCTGT
TAACGTTCCAGCAGGGCCTGATGACAGCGCTTCGTTATCTGATTTGGCTATAGCTAATTA
CACAGAATGACATATATTCGTTGTCACTGTTGACTTGTTTACCGCCTACTAACATTTCAG
CAGTGCCTGTATGACAACGTTCTATAATGTCATTTGCAA

25. 微小杯冠线虫 ITS1+ITS2 序列

微小杯冠线虫共测出 2 条序列，序列均长 587 bp，登录号为 KM085360-KM085361，两条序列同源性为 99.7%。测序结果与 GenBank 中已收录的 2 条相关序列（登录号：AJ228241+AJ004843 和 AJ005831+AJ005832）比较，比前者长 1 个碱基，同后者等长，与它们的同源性分别是 94.9%～95.1% 和 97.4%～97.6%。其序列碱基组成如下：

KM085360 序列：
GTCGAAACCACAAGGTATGGTTCCTTTGATCATGAGAGGCCAACACGCTTGCTCTTCAC
GACTTTGTCGGGAAGGTTGGTAGTATCGCCCCCCTTTACAGCCCTTCGTAAGGTGTCTAT
GTACAGTATGAGTCGTTACTGGGTGGCGGCAGTGATTACTGTGCGAGTTCGCATTTTGCT
GAGCTTTAGACTTGATGAGCATTGCTGGAATGCCGCCTTACTGTTTGTTTTGGTGGT
TAGGCACTAGCGGTAACGCTAAGTGCGGCACCTGGTTGTCAGGCAATCTTAATGACCCG
GTTATGCCGGGCGCCAATACAAACGCTAACTTTTACGTTTATATTTTGCAGAACCGTG
GCTCTAAGTCACAACTGATATACATACTACAATGTGGCCTGTTACATTGTTTGTCGAAT
GGCGCTTGCATTTACTTGCAATCCCCATTCTAGAAAAGAAACATATTGCAACATGTAT
GTTGGCTACGGCTAACTACACAGAATGACATATATTCGTTGTCACTGCTGAATGTTTAC

CGCATACTAACATTTCAGCAGTGCCTGTATGACAACGTTCTATACTGTCATTTGCAA
KM085361 序列：
GTCGAAACCACAAGGTATGGTTCCTTTGATCATGAGAGGCCAACACGCTTGCTCTTCAC
GACTTTGTCGGGAAGGTTGGTAGTATCGCCCCCCTTTACAGCCCTTCGTAAGGTGTCTAT
GTACAGTATGAGTCGTTACTGGGTGGCGGCAGTGATTACTGTGCGAGTTCGCATTTTGCT
GAGCTTTAGACTTGATGAGCATTGCTGGAATGCCGCCTTACTGTTTGTTTTTGGTGGT
TAGGCACTAGCGGTAACGCTAAGTGTGGCACCTGGTTGTCAGGCAATCTTAATGACCCG
GTTATGCCGGGCGCCAATACAAACGCTAACTTTTACGTTTATATTTTGCAGAACCGTG
GCTCTAAGTCACAACTGATATACATACTACAATGTGGCCTGTTACATTGTTTGTCGAAT
GGCGCTTGCATTTACTTGCAATCCCCATTCTAGAAAAGAAACATATTGCAACATGTAT
GTTGGCTACGGCTAACTACACAGAATGACATATATTCGTTGTCACTGCTGAATGTTTAC
CGCATACTAACATTTCAGCAGTGCCTGTATGACAACGTTCTATAATGTCATTTGCAA

26. 杯状彼得洛夫线虫 ITS1+ITS2 序列

杯状彼得洛夫线虫共测出 1 条序列，序列长 714 bp，登录号为 KP693443。测序结果与 GenBank 中已收录的相关序列（登录号：AJ228242+AJ004844）比较，长 3 个碱基，同源性达到 99.4%。其序列碱基组成如下：

GTCGAAACCCAAAGAAGGTTTACTTTGATCACTTGAGAACCCAACACGCTTGCTCTTCAC
GACTTTGTCGGGAAGGTTGGTAGTATCGCCCCCCTTTAAAGCCCTATGTAAGGTGTCTAT
GTACAGTATGAGTCGTTACTGGGTGGCGGCCGTGATTACTGTTCGAGTTCGCATTTTGCT
GAGCTTTAGACTTGATGAGCATTGCATGAATGCCGCCTTACTGTTTGTTTTGGTGATTAG
ACACATAGCGGTAAAACGCTACAGTGTGACACCTGCTTGTCAGGCAATCTTAATGATC
CGCYATTGCGGACGCCAAAACAGACGCTACTTTTTACGTTTGAATTTTGCAGAATCGT
GACTTTTAGTCACAATCGATATTATATACTACAATGTGGCCTGTTACATTGTTTGTC
GAATGGCGCTTGCATTCAATTGCAATCCCCATTCTAGAGAAGAAGCATATTGCAACAT
GTATGTTAGCTGAAGTTTACAATACAGASATTACGTAGATTCGTTGTCACTATTGGAAC
GTTTACCGCCTGTTAACGTTCTAATAGCGCATGTGAACAACGCTATCGATCGTTATCT
GTATCGTAGCTGAGGTAAACCATACACAGAATGACATTATAGTCGTTGTCACTGCTA
ATTTGTTCATCGCCTTAGAACATTTTAACGGTGCCTGTATGACAACGCTCTATATTGTGT
CATTTGCAA

27. 不等齿杯口线虫 ITS1+ITS2 序列

不等齿杯口线虫共测出 1 条序列，序列长 693 bp，登录号为 KP693433。测序结果与 GenBank 中已收录的相关序列（登录号：AJ228245+Y08590）比较，少 1 个碱基，同源性达到 99.3%。其序列碱基组成如下：

GTCGAAACCAAATATGGTTCCTTTGATCTGAGAACCCAACACGCTTGTTCTTCAC
GACTTTGTCGGGAAGGTTGGTAGTATCGCCCCCCTTTAAAGCCCTTTGTAAGGTGTC
TATGTACAGTATGAGTCGTTATTGGGTGGCGGCCGTGATTACTGTGCGAAGTTCG
CATATTGCTGAGCTTTAGACTTAATGAGCATTGCATGAATGTCGCCTTATTGTTTGTTTTG

GTGGTTAGGCACATAGCGGTAACGCTAAGTGTGGCACCTGGTTGTCAGGCAATCTTAAT
GATCCGTCATGCGGACGCCAAACAGACGCTAACTTTTGACTTTTGAATATTGCAGAAC
CGTGACTCTTCGTCACAAATCGATATATTTACTACAATGTGGCCTGTAACATTGTTTGTC
GAATGGCGCTTGCATTTACTTGCAATCCCCGTTCTAGAAAAGAAGATAATGCAACATG
TACGTTGAATATGGTTTGCAAAAGAGAACTTAGGTTCGTTGTCACCATTAGTACGTTTAC
CGCCTATTAACGTTCTAGTGGGCCTGATGACAGCGTTCTTTATTGTTCTGCAATGCG
GCTGTTAACAACTACACTGAATGGCATATATTCGTTGTCACTGCTGATTTGTTTAACGC
CATTAACATCTTAGCAGTGCCTGTATGACAACGTTCTATATTGCCATTTGCAA

28. 拉氏杯口线虫 ITS1+ITS2 序列

拉氏杯口线虫共测出 1 条序列，序列长 703 bp，登录号为 KP693434。测序结果与 GenBank 中已收录的相关序列（登录号：AJ228246+Y08589）比较，长度一样，两者的同源性达到 99.7%。其序列碱基组成如下：

GTCGAAACCAACTACGGTTCCTTTGATCATGAGAAACCAACACGCTTGTTCTTCAC
GACTTTGTCGGGAAGGTTGGTAGTATCGCCTCTATTTACAGCCCTTTGTAAGGTGTC
TATGTGCAGTACGAGTCGTTATTGGTGGCGGCCGTGATTACTGTGCGAAGTTC
GCATTTTGCTGAGCCTTAGACTTGATGAGCATTGCAGGAATGCCGCCTTACT
GTTTGTTTTGGTGGTTAGGCACATAGCGGCAACGCTAAGTGTGGCACCTGGTTGTCAGG
CAATCTTAATGATCCGTGCGATGCGGACGCCAAGCAGACACTAACGTTTTACTTTTGAT
CATTGCAGAACCGTGACTTTTAGTCACAAAGCGATATGTGTACTACAATGTGGCCTG
TAACATTGTATGTCGAATGGTGCTTGCATTCACTTGCGATCCCCGTTCTAGAGAAGAA
CACCTAGTGCAACATGTACGTTGGATATGGTGTGCAAAGCAGAATAACGTAGATTC
GTTGTCACTACTGGATCGTTTACCGCCTGTTGACGTTTTAGTGGGCCTGATGACAG
CGATCGTTATTGTTCTGCGATGTGCTGCTGACCAACTGCACTGAATGGCATATGTTC
GTTGTCACTGCTAATTTGTTAATCGCCTACTGACATTCTAGCAGTAGCCTGTATGACTAC
GTTCTATAGTGTCATTTGCAA

29. 麦氏副杯口线虫 ITS1+ITS2 序列

麦氏副杯口线虫共测出 1 条序列，序列长 698 bp，登录号为 KP693435。测序结果与 GenBank 中已收录的相关序列（登录号：AJ228244+AJ004846）比较，长度一样，两者的同源性达到 99.7%。其序列碱基组成如下：

GTCGAAACCACATGGTATGGTTCCTTTGATCATGAGAAACCAACACGCTTGTTTCTTCAC
GACTTTGTCGGGAAGGTTGGTAGTATCGCCCCCTTTACAGCCCTTCGTAAGGTGTCTATG
TACGGTATGAGTCGTTACTGGGTGGCGGCCGTGATTACTGTGCGAAGTTCGCGTTTGCT
GAGCTTTAGACTTGATGAGCATTGCAAGAATGCCGCCTTACTGTTTGTTTTGGTGGTTAG
GCACCTAGCGGTAACGCTAAGTGTGACGCTGCTTGACAGGCAATCTTAATGATCCGTC
TATGCGGACGCCAAAATAGACGCTAACTTTTTACGTTTAAAACTTGCAGAATCGTGAC
GTTTAGTCACAAATCGATATACGTACTACAATGTGGCGAGTAACATTGTTTGTCGAAT
GGTGCTTGCACATTCTTGCAATCCCCGTTCTAGAGAAGAAGCATACTGCAACAGGTAC
GTTGGCTATGGTTTGCAAAACAGAATGACGTAAATTCGTTGTCGATACTAGATCGTTTAC

CGCCTTTTTAACGTTCTAGTGGAGCTTGATGACAGCGTTTCATCTGCAATGCGGCCGT
GACCAGCTACACAAAATGACATATATTCGTTGTTACTGCTGATTTGTTCACCGCCCATA
AACATTTTAGCAGTGCTTGCATAGCAACGTTCTATATTGTCATTTGTAA

30. 真臂副杯口线虫 ITS1+ITS2 序列

真臂副杯口线虫共测出 1 条序列，序列长 708 bp，登录号为 KP693692。GenBank 中尚未收录该线虫的相关序列。其序列碱基组成如下：

GTCGAAACCACATGGTATGGTTGCTTTGATCATGAGAAACCAACACGCTTGATTCTTCAT
GACTTTGTCGGGAAGGTTGGTAGTATCCCCCCCTTTACAGCCCTTCGTAAGGTGTCTAT
GTACAGAATGATTCGTTACTGGGGGGCGACCGTGATTACTGTGCGAAGTTCGCATTTGCT
GAGTTTTAGACTTGATGAGCATTGCAGGAATGCCGCCTTACTGTTTGTTTTGGGGGT
TAGGCACGTAGCGGCAACGCTAAGTGTGACACCTGGTTGACAGGCAATCTTAATGATC
CGTCTATGCGGACGCCAAAAAGACACTAACATTTTACGTTTGAATATTGCAGAATTGT
GACATTTAGTCACCAATCGATATACGTACTACAATGTGGCCTGTAACATTGTTTGTC
GAATGGTGCTTGCATTTTGCAATCCCCGTTCTAGAGAAGAAGCATATTGCAACATGTAC
GTTGGTTATGGTTTGCAAAACAGAATAACGTAAATTCGTTGTCGATACTAGATTGTTTAC
CGCCTGTTAACTTTCTAGTAGAGCTTGATGACAGCGTTCTTTACTGTTGTTTCCTGTAAT
GCGGCTGTGACCAGCTACACAGAATGACATATATACGTTGTCGCTGCTGATATGTTTAC
CGTCTTTAAAACATTTTGGCAGTGCATGCATGACAGCGTTCTATATTGTCATTTGCAA

31. 头似辐首线虫 ITS1+ITS2 序列

头似辐首线虫共测出 1 条序列，序列长 714 bp，登录号为 KP693442。GenBank 中尚未收录该线虫的相关序列。其序列碱基组成如下：

GTCGAAACCTAACAATGGTTGCTTTGATCATGAGAAACCAACACGCATGCTTCTTCAC
GACTTTGTCGGGAAGGTTGGAAGTATCGCCCCCCTTTAGAGCCCTTCGTAAGGTGTC
TATGTACAGTATGAGTCGTTACTGGGTGGCGGCAGTGATTACTGTGCGAAGTTCG
CATTTGCTGAGCTTTAGACTTGATGAGCATTGCATGAATGCCGCCTTACTGTTTATTTTG
GTGGTTAGGCACCAGCGGTAACGTCGCCGCTAAGTGCGACACCTGATTGTCAGG
CAATCTCAATGATCCATCTTATTGTGGACGCCAAAGCAAACGCCAACTATTTACGTTTA
ATACTTGCAGAACTGTGACTGAGAAGTCACAATCGATTCATGTACTACAATGTGGCCTG
TAACATTGTTTGTCGAATGGCGCTTGCATTCAATTGCAATCCCCGTTCTAGAGAAGAAG
CATTTTGCAACATGTATGTGTTGGCTTTGGCTTAGTGGCAGTTTGACGTAATTCGTTGT
TACTGCTGGATCGTTTACCGCCTGTTAACGTTCTAGTGGAGCCTGATGACAGCGAGTTC
TATCGTTATCTGCTATGTAGCTGTATAGCACACTACACAGAATGGCATATATTCGTTGT
CACTGCTAATTTGTTTACCGCCTCATAACAATCTAGCAGTGCCTGTATGACAACGTTC
TATAATGTCATTTGCAA

三、ITS 序列特征

核苷酸序列比对和分析是对寄生线虫进行分子鉴定和系统进化关系研究的一种有效方法。基于 PCR 技术，所测 31 种马圆线虫 46 个个体的 ITS1+ITS2 序列长度范围为 587~737 bp，最长的是外射杯环线虫，最短的是微小杯冠线虫；其中 ITS1 的长度范围是 366~396 bp，ITS2 是 215~352 bp。46 条序列碱基 A、T、C、G 的平均含量分别为 24.1%、32.1%、20.7%和 23.1%；ITS1 区的 G+C 含量（41.0%~48.6%）明显高于 ITS2 区（31.3%~44.3%）。所有序列的比对分析结果显示（图 4-1），ITS1+ITS2 序列对位排列后的片段长度为 783 bp，保守位点 291 个，占总位点的 37.2%，变异位点（包括 gaps）492 个，占总位点的 62.8%，简约信息位点 255 个，占总位点的 32.6%；ITS1 对位排列长度为 413 bp，保守位点 203 个，占总位点的 49.2%，变异位点 210 个，占总位点的 50.8%，简约信息位点 100 个，占总位点的 24.2%；ITS2 对位排列长度为 370 bp，保守位点 88 个，占总位点的 23.8%，变异位点 282 个，占总位点的 76.2%，简约信息位点 155 个，占总位点的 41.9%。通过对 46 条序列进行两两比对，结果发现，ITS1 的种内差异性为 0~1.09%，ITS2 为 0~1.25%，ITS1+ITS2 为 0~1.16%；而 ITS1 的种间差异性为 0.54%~23.23%，ITS2 为 1.58%~58.81%，ITS1+ITS2 为 1.46%~37.58%。

Hung 等[102]曾对来自澳大利亚和英国的 28 种马圆线虫 rDNA-ITS 序列进行比对分析，所有 28 条序列 ITS1 区的 G+C 含量（41.2%~49.1%）高于 ITS2 区（30.9%~44.3%）；ITS1 区和 ITS2 区分别对位排列出 425 个和 385 个位点，相似性分别是 50.6%和 22.9%。序列两两比对结果显示，ITS1 的种间差异性为 0.6%~23.7%，ITS2 为 1.3%~56.3%，ITS1+ITS2 为 1.5%~38.9%；而 ITS1+ITS2 的种内差异为 0~0.3%。但是在河南马圆线虫的研究中却发现，杯环属线虫 ITS1 的种内差异为 0~1.09%，其中辐射杯环线虫种内差异为 1.09%，阿氏杯环线虫种内差异为 0.82%，大于辐射杯环线虫与阿氏杯环线虫以及阿氏杯环线虫与细口杯环线虫之间的种间差异性（分别为 0.54%和 0.55%）；而 ITS2 的种内差异为 0.31%~1.25%，明显低于种间差异（2.19%~14.64%），并且 ITS2 序列所含的变异位点和信息位点都比 ITS1 序列丰富得多，说明 ITS2 比 ITS1 变异大，信息含量也大。因此认为，单独使用 ITS1 片段对某些圆线虫的种类鉴定可能不太适用，但是，利用 ITS2 序列或 ITS1 和 ITS2 的联合序列对许多圆线虫的种类鉴定和系统发育分析是非常可靠的[115,161]。

```
          [ITS1→
KP693437  GTCGAACCAC-CCAAATAGGTTCCG---TTGAA-TT--TGAGAAACCAACGCGCC—TGT [60]
KP693436  GTCGAAACCG-TCATA-AGGTTACG---TTGAT-CA--TGAGAAACCAACAAGCA--TGT
KP693440  GTCGAAACCA-ATAT---GGTTCGG---TTGAT-CA--TGAGAACCCAACACGCT--TGC
KP693443  GTCGAAACCC-AAAGAAGGTTTACT---TTGAT-CACTTGAGAAACCAACACGCT--TG-
KP693692  GTCGAAACCACATGGTATGGTTGCT---TTGAT-CA--TGAGAAACCAACACGCT--TGA
```

```
KP693435  GTCGAAACCACATGGTATGGTTCCT---TTGAT-CA--TGAGAAACCAACACGCT--TGT
KP693434  GTCGAAACCA---ACTACGGTTCCT---TTGAT-CA--TGAGAAACCAACACGCT--TG-
KP693433  GTCGAAACCA---AATATGGTTCCT---TTGAT-C---TGAGAACCCAACACGCT--TG-
JQ906423  GTCGAAACCACA---TATGGTTCCT---TTGAT-CA--TGAGAAACCAACATGCT--TGC
JQ906424  GTCGAAACCACA---TATGGTTCCT---TTGAT-CA--TGAGAAACCA-CATGCT--TGC
JQ906421  GTCGAAACCACAGGGTATGGTTCCT---TTGAT-CA--TGAGAAACCAACGTGCT--TGC
JQ906422  GTCGAAACCACAGGGTATGGTTCCT----TTGAT-CA--TGAGAAACCAACGTGCT--TGC
JQ906420  GTCGAAACCACAGGGTATGGTTCCT---TTGAT-CA--TGAGAAACCAACGTGCT--TGC
JQ906412  GTCGAAACCACA---TATGGTTCCT---TTGAT-CA--TGAGAAACCAACATGCT--TGC
JQ906413  GTCGAAACCACA---TATGGTTCCT---TTGAT-CA--TGAGAAACCAACATGCT--TGC
KP693432  GTCGAAACCACA---TATGGTTCCT---TTGAT-CA--TGAGAAACCAACATGCT--TGT
KF850629  GTCGAAACCACAGGGTATGGTTCCT---TTGAT-CA--TGAGAAACCAACATGCT--TGC
KF850630  GTCGAAACCACAGGGTATGGTTCCT---TTGAT-CA--TGAGAAACCAACATGCT--TGC
JQ906414  GTCGAAACCACAGGGTATGGTTCCT---TTGAT-CA--TGAGAAACCAACATGCT--TGC
JQ906416  GTCGAAACCACAGGGTATGGTTCCT---TTGAT-CA--TGAGAAACCAACATGCT--TGC
JQ906415  GTCGAAACCACAGGGTATGGTTCCT---TTGAT-CA--TGAGAAACCAACATGCT--TGC
JQ906418  GTCGAAACCACAGGGTATGGTTCCT---TTGAT-CA--TGAGAAACCAACATGCT--TGC
JQ906419  GTCGAAACCACAGGGTATGGTTCCT---TTGAT-CA--TGAGAAACCAACATGCT--TGC
JQ906409  GTCGAAACCACAGGGTATGGTTCCT---TTGAT-CA--TGAGAAACCAACATGCT--TGC
JQ906411  GTCGAAACCACAGGGTATGGTTCCT---TTGAT-CA--TGAGAAACCAACATGCT--TGC
JQ906410  GTCGAAACCACAGGGTATGGTTCCT---TTGAT-CA--TGAGAAACCAACATGCT--TGC
KP693441  GTCGAAACCACAGGGTATGGTTCCT---TTGAT-CA--TGAGAACCCAACATGCT--TGC
KF850627  GTCGAAACCACAAGGTATGGTTCCT---TTGAT-CA--TGAGAACCCAACACGCT--TGC
KF850628  GTCGAAACCACAAGGTATGGTTCCT---TTGAT-CA--TGAGAACCCAACACGCT--TGC
KF850626  GTCGAAACCACAAGGTATGGTTCCT---TTGAT-CA--TGAGAACCCAACACGCT--TGC
KM085357  GTCGAAACCACAAGGTATGGTTCCT---TTGAT-CA--TGAGAACCCAACACGCT--TGC
KM085358  GTCGAAACCACATGGTATGGTTCCT---TTGAT-CA--TGAGAACCCAACACGCT--TGC
KM085359  GTCGAAACCACATGGTATGGTTCCT---TTGAT-CA--TGAGAACCCAACACGCT--TGC
JN786950  GTCGAAACCACAAGGTATGGTTCCT----TTGAT-CA--TGAGAAACCAACACGCA--TGC
KM085356  GTCGAAACCACAAGGTATGGTTCCT---TTGAT-CA--TGAGAAACCAACACGCA--TGC
JN786951  GTCGAAACCACAAGGTATGGTTCCT---TTGAT-CA--TGAGAAACCAACACGCA--TGC
JN786947  GTCGAAACCACAGGGTATGGTTCCT---TTGAT-CA--TGAGAACCCAACACGCT--TGC
JN786948  GTCGAAACCACAGGGTATGGTTCCT---TTGAT-CA--TGAGAACCCAACACGCT--AGC
JN786949  GTCGAAACCACAGGGTATGGTTCCT---TTGAT-CA--TGAGAAACCAACACGCT--AGC
JQ906417  GTCGAAACCACAGGGTATGGTTCCT---TTGAT-CA--TGAGAAACCAACACGCT--TGC
KP693442  GTCGAAACCTAACA--ATGGTTGCT---TTGAT-CA--TGAGAAACCAACACGCA--TGC
KP693431  GTCGAAACCAAAAAACTAGGTTCTTCAGTTGAT-CA--TGAGAACCCAACACGCT--TGT
KM085360  GTCGAAACCACAAGGTATGGTTCCT---TTGAT-CA--TGAGAGGCCAACACGCT--TGC
KM085361  GTCGAAACCACAAGGTATGGTTCCT---TTGAT-CA--TGAGAGGCCAACACGCT--TGC
KP693439  GTCGAAAC--TTACAATAGTTCATC--GTTGATTCGCATGAGAGGCCAACACGC---TAG
KP693438  GTCGAAACCTTTACACACGGTTA-C--GTTGAT---CATGAGAAACCAACATGCCTGTTG
                ******  *       *  *   *****     *****  ***  *  **
```

KP693437	CTCTTCAC-GACTTTGTCGGGAAGGTTGGTAGTATCAC-CCCCCTTTGCAACCCTTTGTA [120]
KP693436	CTCTTCAC-GACTTTGTCGGGAAGGTTGGTAGTATCGC-CCACCTTTAGAACCCTTTGTA
KP693440	TTCTTCAC-GACTTTGTCGGGAAGGTTGGTAGTATCGC-CCCCCTTTAGAGCCCTTTGTA
KP693443	CTCTTCAC-GACTTTGTCGGGAAGGTTGGTAGTATCGC-CCCCCTTTAAAGCCCTATGTA
KP693692	TTCTTCAT-GACTTTGTCGGGAAGGTTGGTAGTATCCC-CCCCCTTTACAGCCCTTCGTA
KP693435	TTCTTCAC-GACTTTGTCGGGAAGGTTGGTAGTATCGC-CCCC-TTTACAGCCCTTCGTA
KP693434	TTCTTCAC-GACTTTGTCGGGAAGGTTGGTAGTATCGC-CTCTATTTACAGCCCTTTGTA
KP693433	TTCTTCAC-GACTTTGTCGGGAAGGTTGGTAGTATCGC-CCCCCTTTAAAGCCCTTTGTA
JQ906423	T-CTTCAC-GACTTTGTCGGGAAGGTTGGTAGTATCGC-CCCCCTTTACAGCCCTTCGTA
JQ906424	T-CTTCAC-GACTTTGTCGGGAAGGTTGGTAGTATCGC-CCCCCTTTACAGCCCTTCGTA
JQ906421	T-CTTCAC-GACTTTGTCGGGAAGGTTGGTAGTATCGC-CCCCCTTTACAGCCCTTCGTA
JQ906422	T-CTTCAC-GACTTTGTCGGGAAGGTTGGTAGTATCGC-CCCCCTTTACAGCCCTTCGTA
JQ906420	T-CTTCAC-GACTTTGTCGGGAAGGTTGGTAGTATCGC-CCCCCTTTACAGCCCTTCGTA
JQ906412	T-CTTCAC-GACTTTGTCGGGAAGGTTGGTAGTATCGC-CCCC-TTTACAGCCCTTCGTA
JQ906413	T-CTTCAC-GACTTTGTCGGGAAGGTTGGTAGTATCGC-CCCC-TTTACAGCCCTTCGTA
KP693432	T-CTTCAC-GACTTTGTCGGGAAGGTTGGTAGTATCGC-CCCC-TTTACAGCCCTTCGTA
KF850629	T-CTTCAC-GACTTTGTCGGGAAGGTTGGTAGTATCGC-CCCCCTTTACAGCCCTTCGTA
KF850630	T-CTTCAC-GACTTTGTCGGGAAGGTTGGTAGTATCGC-CCCCCTTTACAGCCCTTCGTA
JQ906414	T-CTTCAC-GACTTTGTCGGGAAGGTTGGTAGTATCGC-CCCCCTTTACAGCCCTTTGTA
JQ906416	T-CTTCAC-GACTTTGTCGGGAAGGTTGGTAGTATCGC-CCCCCTTTACAGCCCTTTGTA
JQ906415	T-CTTCAC-GACTTTGTCGGGAAGGTTGGTAGTATCGC-CCCCCTTTACAGCCCTTTGTA
JQ906418	T-CTTCAC-GACTTTGTCGGGAAGGTTGGTAGTATCGC-CCCCCTTTACAGCCCTTTGTA
JQ906419	T-CTTCAC-GACTTTGTCGGGAAGGTTGGTAGTATCGC-CCCCCTTTACAGCCCTTTGTA
JQ906409	T-CTTCAC-GACTTTGTCGGGAAGGTTGGTAGTATCGC-CCCC-TTTACAGCCCTTCGTA
JQ906411	T-CTTCAC-GACTTTGTCGGGAAGGTTGGTAGTATCGC-CCCC-TTTACAGCCCTTCGTA
JQ906410	T-CTTCAC-GACTTTGTCGGGAAGGTTGGTAGTATCGC-CCCC-TTTACAGCCCTTCGTA
KP693441	T-CTTCAC-GACTTTGTCGGGAAGGTTGGTAGTATCGC-CCCCCTTTACAGCCCTTCGTA
KF850627	T-CTTCAC-GACTTTGTCGGGAAGGTTGGTAGTATCGC-CCCCCTTTACAGCCCTTCGTA
KF850628	T-CTTCAC-GACTTTGTCGGGAAGGTTGGTAGTATCGC-CCCCCTTTACAGCCCTTCGTA
KF850626	T-CTTCAC-GACTTTGTCGGGAAGGTTGGTAGTATCGC-CCCCCTTTACAGCCCTTCGTA
KM085357	T-CTTCAC-GACTTTGTCGGGAAGGTTGGTAGTATCGC-CCCCCTTTACAGCCCTTCGTA
KM085358	T-CTTCAC-GACTTTGTCGGGAAGGTTGGTAGTATCGC-CCCCCTTTACAGCCCTTCGTA
KM085359	T-CTTCAC-GACTTTGTCGGGAAGGTTGGTAGTATCGC-CCCCCTTTACAGCCCTTCGTA
JN786950	T-CTTCAC-GACTTTGTCGGGAAGGTTGGTAGTATCGC-CCCCCTTTACAGCCCTTYGTA
KM085356	T-CTTCAC-GACTTTGTCGGGAAGGTTGGTAGTATCGC-CCCCCTTTACAGCCCTTCGTA
JN786951	T-CTTCAC-GACTTTGTCGGGAAGGTTGGTAGTATCGC-CCCCCTTTACAGCCCTTTGTA
JN786947	T-CTTCAC-GACTTTGTCGGGAAGGTTGGTAGTATCGC-CCCCCTTTATAGCCCTTCGTA
JN786948	T-CTTCAC-GACTTTGTCGGGAAGGTTGGTAGTATCGC-CCCCCTTTATAGCCCTTCGTA
JN786949	T-CTTCAC-GACTTTGTCGGGAAGGTTGGTAGTATCGC-CCCCCTTTACAGCCCTTCGTA
JQ906417	T-CTTCAC-GACTTTGTCGGGAAGGTTGGTAGTATCGC-CCCCCTTTACAGCCCTTCGTA

```
KP693442   TTCTTCAC-GACTTTGTCGGGAAGGTTGGAAGTATCGC-CCCCCTTTAGAGCCCTTCGTA
KP693431   TTCTTCACTGACTTTGTCAGGAAGGTTGGTAGTATCGC-CCCCTTTAGAGCCCTTCCGTA
KM085360   T-CTTCAC-GACTTTGTCGGGAAGGTTGGTAGTATCGC-CCCCCTTTACAGCCCTTCGTA
KM085361   T-CTTCAC-GACTTTGTCGGGAAGGTTGGTAGTATCGC-CCCCCTTTACAGCCCTTCGTA
KP693439   TTCTTCAC-GACTTTGTCGGGAAGGTTGGTAGTATCATATCACCTTTGGAACCCTTCGTA
KP693438   TTCTTCAC-GACTTTGTCGGGAAGGTTGGTAGTATCAC--CCCCTTTGAAGCCCTATGTA
           ****  ********* **********  ******    **    ***  ***

KP693437   AGGTGTCTATGCACAGTATGAGTCGTTACTGGGTGGCGGCCATGATTATTGTGCGGAGTT [180]
KP693436   AGGTGTCTAAGCATGGTATGAGTCGTTACTGGGTGGCGACCGTGATTACTGTGCAAAGTT
KP693440   AGGTGTCTATGTACAGTATGAGTCGTTACTGGGTGGCGGCCGTGATTACTGTGCGAAGTT
KP693443   AGGTGTCTATGTACAGTATGAGTCGTTACTGGGTGGCGGCCGTGATTACTGTTCG-AGTT
KP693692   AGGTGTCTATGTACAGAATGATTCGTTACTGGGGGCGACCGTGATTACTGTGCGAAGTT
KP693435   AGGTGTCTATGTACGGTATGAGTCGTTACTGGGTGGCGGCCGTGATTACTGTGCGAAGTT
KP693434   AGGTGTCTATGTGCAGTACGAGTCGTTATTGGGTGGCGGCCGTGATTACTGTGCGAAGTT
KP693433   AGGTGTCTATGTACAGTATGAGTCGTTATTGGGTGGCGGCCGTGATTACTGTGCGAAGTT
JQ906423   AGGTGTCTATGTACAGTATGAGTCGTTACTGGGTGGCGGCCGTGATTATTGTACGA-GTT
JQ906424   AGGTGTCTATGTACAGTATGAGTCGTTACTGGGTGGCGGCCGTGATTACTGTGCGA-GTT
JQ906421   AGGTGTCTATGTACAGTTTGAGTCGTTACTGGGTGGCGGCCGTGATTACTGTACGA-GTT
JQ906422   AGGTGTCTATGTACAGTTTGAGTCGTTACTGGGTGGCGGCCGTGATTACTGTACGA-GTT
JQ906420   AGGTGTCTATGTACAGTTTGAGTCGTTACTGGGTGGCGGCCGTGATTACTGTACGA-GTT
JQ906412   AGGTGTCTATGTACAGTATGAGTCGTTACTGGGTGGCGGCCGTGATTACTGTGCGA-GTT
JQ906413   AGGTGTCTATGTACAGTATGAGTCGTTACTGGGTGGCGGCCGTGATTACTGTGCGA-GTT
KP693432   AGGTGTCTATGTACAGTATGAGTCGTTACTGGGTGGCGGCCGTGATTACTGTGCGA-GTT
KF850629   AGGTGTCTATGTACAGTATGAGTCGTTACTGGGTGGCGGCCGTGATTACTGTGCGA-GTT
KF850630   AGGTGTCTATGTACAGTATGAGTCGTTACTGGGTGGCGGCCGTGATTACTGTGCGA-GTT
JQ906414   AGGTGTCTATGTACAGTATGAGTCGTTACTGGGTGGCGGCCGTGATTACTGTGCGA-GTT
JQ906416   AGGTGTCTATGTACAGTATGAGTCGTTACTGGGTGGCGGCCGTGATTACTGTGCGA-GTT
JQ906415   AGGTGTCTATGTACAGTATGAGTCGTTACTGGGTGGCGGCCGTGATTACTGTGCGA-GTT
JQ906418   AGGTGTCTATGTACAGTATGAGTCGTTATTGGGTGGCGGCCGTGATTACTGTGCGA-GTT
JQ906419   AGGTGTCTATGTACAGTATGAGTCGTTACTGGGTAGCGGCCGTGATTACTGTGCGA-GTT
JQ906409   AGGTGTCTATGTACAGTTTGAGTCGTTACTGGGTGGCGGCCGTGATAACTGTGCGA-GTT
JQ906411   AGGTGTCTATGTACAGTTTGAGTCGTTACTGGGTGGCGGCCGTGATAACTGTGCGA-GTT
JQ906410   AGGTGTCTATGTACAGTTTGAGTCGTTACTGGGTGGCGGCCGTGATAACTGTGCGA-GTT
KP693441   AGGTGTCTATGTACAGTATGAGTCGTTACTGGGTGGCGGCCGTGATTACTGTGCGAAGTT
KF850627   AGGTGTCTATGTGCATTATGAGTCGTTACTGGGTGGCGGCCGTGATTAATGTACGA-GTT
KF850628   AGGTGTCTATGTGCATTATGAGTCGTTACTGGGTGGCGGCCGTGATTAATGTACGA-GTT
KF850626   AGGTGTCTATGTGCAGTATGAGTCGTTATTGGGTGGCGGCCGTGATTATTGTACGA-GTT
KM085357   AGGTGTCTATGTACAGTATGAGTCGTTACTGGGTGGCGGCCGTGATTACTGTGCGA-GTT
KM085358   AGGTGTCTATGTACAGTTTGAGTCGTTACTGGGTGGCGGCCGTGATTACTGTGCGA-GTT
KM085359   AGGTGTCTATGTACAGTTTGAGTCGTTACTGGGTGGCGGCCGTGATTACTGTGCGA-GTT
```

```
JN786950   AGGTGTCTATGTACAGTATGAGTCGTTACTGGGTGGCCGCCGTGATTACTGTGCGA-GTT
KM085356   AGGTGTCTATGTACAGTATGAGTCGTTACTGGGTGGCGGCCGTGATTACTGTGCGA-GTT
JN786951   AGGTGTCTATGTACAGTATGAGTCGTTACTGGGTGGCGGCCGTGATTACTGTGCGA-GTT
JN786947   AGGTGTCTATGTACAGTATGAGTCGTTACTGGGTGGCGGCCGTGATTACTGTGCGA-GTT
JN786948   AGGTGTCTATGTACAGTATGAGTCGTTACTGGGTGGCGGCCGTGATTACTGTGCGA-GTT
JN786949   AGGTGTCTATGTACAGTATGAGTCGTTACTGGGTGGCGGCCGTGATTACTGTGCGA-GTY
JQ906417   AGGTGTCTATGTGCAGTATGAGTCGTTACTGGGTGGCGGCCGTGATTACTGTGCGA-GTT
KP693442   AGGTGTCTATGTACAGTATGAGTCGTTACTGGGTGGCGGCAGTGATTACTGTGCGAAGTT
KP693431   AGGTGTCTATGTACAGTATGAGTCGTTACTGGGTGGCGGCTATGATTGCTGTGCGAAGCT
KM085360   AGGTGTCTATGTACAGTATGAGTCGTTACTGGGTGGCGGCAGTGATTACTGTGCGA-GTT
KM085361   AGGTGTCTATGTACAGTATGAGTCGTTACTGGGTGGCGGCAGTGATTACTGTGCGA-GTT
KP693439   AGGTGTCTATGTATAGTATGAGTCGTTAATGGGTGGCGACCGTGATTGCTGTACAAAGTT
KP693438   AGGTGTCTATGTACGGTATGAGTCGTTAATGGGTGATGGCAATGATTACTGTACGAAGTT
           ********* *    ** ****** ****  *  *  * ****    *** *   *

KP693437   CGCATTTT--------GCTGAGCTTTAGACTTGATGAGCATTGCCAGAATGCCGCCTTAC [240]
KP693436   CGCATTTT--------GCTGAGCTTAAGACTTGATGAGCATTGCTGGAATGCCGCCTTAC
KP693440   CGCATTTT--------GCTGAGCTTTAGACTTGATGAGCATTGCATGAATGCCGCCTTAC
KP693443   CGCATTTT--------GCTGAGCTTTAGACTTGATGAGCATTGCATGAATGCCGCCTTAC
KP693692   CGCAT-TT--------GCTGAGTTTTAGACTTGATGAGCATTGCAGGAATGCCGCCTTAC
KP693435   CGCGT-TT--------GCTGAGCTTTAGACTTGATGAGCATTGCAAGAATGCCGCCTTAC
KP693434   CGCATTTT--------GCTGAGCCTTAGACTTGATGAGCATTGCAGGAATGCCGCCTTAC
KP693433   CGCATATT--------GCTGAGCTTTAGACTTAATGAGCATTGCATGAATGTCGCCTTAT
JQ906423   CGCATTTT--------GCTGAGCTTTAGACTTGATGAGCATTGCTGGAATGCCGCCTTAC
JQ906424   CGCATTTT--------GCTGAGCTTTAGACTTGATGAGCATTGCTGGAATGCCGCCTTAC
JQ906421   CGCATTTT--------GCTGAGCTTTAGACTTGATGAGCATTGCTGGAATGCCGCCTTAC
JQ906422   CGCATTTT--------GCTGAGCTTTAGACTTGATGAGCATTGCTGGAATGCCGCCTTAC
JQ906420   CGCATTTT--------GCTGAGCTTTAGACTTGATGAGCATTGCTGGAATGCCGCCTTAC
JQ906412   CGCATTTT--------GCTGAGCTTTAGACTTGATGAGCATTGCTGGAATGCCGCCTTAC
JQ906413   CGCATTTT--------GCTGAGCTTTGGACTTGATGAGCATTGCTGGAATGCCGCCTTAC
KP693432   CGCATTTT--------GCTGAGCTTTAGACTTGATGAGCATTGCTRGAATGCCGCCTTAC
KF850629   CGCATGTT--------GCTGAGCTTTAGACTTGATGAGCATTGCTGGAATGCCGCCTTAC
KF850630   CGCATGTT--------GCTGAGCTTTAGACTTGATGAGCATTGCTGGAATGCCGCCTTAC
JQ906414   CGCATTTT--------GCTGAGCTTTAGACTTGATGAGCATTGCTGGAATGCCGCCTTAC
JQ906416   CGCATTTT--------GCTGAGCTTTAGACTTGATGAGCATTGCTGGAATGCCGCCTTAC
JQ906415   CGCATTTT--------GCTGAGCTTTAGACTTGATGAGCATTGCTGGAATGCCGCCTTAC
JQ906418   CGCATTTT--------GCTGAGCTTTAGACTTGATGAGCATTGCTGGAATGCCGCCTTAC
JQ906419   CGCATTTT--------GCTGAGCTTTAGACTTGATGAGCATTGCTGGAATGCCGCCTTAC
JQ906409   CGCATTTT--------GCTGAGCTTTAGACTTGATGAGCATTGCTGGAATGCCGCCTTAC
```

```
JQ906411   CGCATTTT--------GCTGAGCTTTAGACTTGATGAGCATTGCTGGAATGCCGCCTTAC
JQ906410   CGCATTTT--------GCTGAGCTTTAGACTTGATGAGCATTGCTGGAATGCCGCCTTAC
KP693441   CGCATTTT--------GCTGAGCTTTAGACTTGATGAGCATTGCTGGAATGCCGCCTTAC
KF850627   CGCATTTT--------GCTGAGCTTTAGACTTGATGAGCATTGCTAGAATGCCGCCTTAC
KF850628   CGCATTTT--------GCTGAGCTTTAGACTTGATGAGCATTGCTAGAATGCCGCCTTAC
KF850626   CGCAATTT--------GCTGAGCTTTAGACTTGATGAGCATTGCTAGAATGCCGCCTTAC
KM085357   CGCATTTT--------GCTGAGCTTTAGACTTGATGAGCATTGCTAGAATGCCGCCTTAC
KM085358   CGCATTTT--------GCTGAGCTTTAGACTTGATGAGCATTGCTAGAATGCCGCCTTAC
KM085359   CGCATTTT--------GCTGAGCTTTAGACTTGATGAGCATTGCTAGAATGCCGCCTTAC
JN786950   CGCATTTT--------GCTGAGCTT-AGACTTGATGAGCATTGCTAGAATGCCGCCTTAC
KM085356   CGCATTTT--------GCTGAGCTT-AGACTTGATGAGCATTGCTAGAATGCCGCCTTAC
JN786951   CGCATTTT--------GCTGAGCTT-AGACTTGATGAGCATTGCTAGAATGCCGCCTTAC
JN786947   CGCATTTT--------GCTGAGCTGTAGACTTGATGAGCATTGCTAGAATGCCGCCTTAC
JN786948   CGCATTTT--------GCTGAGCTGTAGACTTGATGAGCATTGCTAGAATGCCGCCTTAC
JN786949   CGCATTTT--------GCTGAGCTTTAGACTTGATGAGCATTGCTAGAATGCCGCCTTAC
JQ906417   CGCATTTT--------GCTGAGCTT-AGACTTGATGAGCATTGCTGGAATGCCGCCTTAC
KP693442   CGCATTTT--------GCTGAGCTTTAGACTTGATGAGCATTGCATGAATGCCGCCTTAC
KP693431   CGCCTTGT--------GCTGAGCTTTAGACTTGATGAGCATTGCACGAATGCCGCCTTAC
KM085360   CGCATTTT--------GCTGAGCTTTAGACTTGATGAGCATTGCTGGAATGCCGCCTTAC
KM085361   CGCATTTT--------GCTGAGCTTTAGACTTGATGAGCATTGCTGGAATGCCGCCTTAC
KP693439   CGCATTTT--------GCTGAGCTTTAGACTTGATGAGCATTGCATGAATGCCGCCTTAC
KP693438   CGCATTTTATTAAATTGCTGAGCTTTAGACTTGATGAGCATTGCTGGAATGCCGCCTTAC
              ***    *     ******  ***** ************ ***** *******


KP693437   TGTTTGTTTT-GGTGGTTAGGCACAGCGG----TAACG------CTTTAGTGCGACACCT [300]
KP693436   TGTTTGTTTT-GGTGGTTAGGCACGGTGGGTTTTCCCG------CTCTAGTGCGACACCT
KP693440   TGTTTGTTTTTGGTGGTTGTACACGGCG-----TAATG------CTC-AGTGTGGCACCT
KP693443   TGTTTGTTTT-GGTGATTAGACACATAGCGGTAAAACG------CTACAGTGTGACACCT
KP693692   TGTTTGTTTT-GGGGGTTAGGCACGTAGCGG--CAACG------CTA-AGTGTGACACCT
KP693435   TGTTTGTTTT-GGTGGTTAGGCACCTAGCGG--TAACG------CTA-AGTGTGACACCT
KP693434   TGTTTGTTTT-GGTGGTTAGGCACATAGCGG--CAACG------CTA-AGTGTGGCACCT
KP693433   TGTTTGTTTT-GGTGGTTAGGCACATAGCGG--TAACG------CTA-AGTGTGGCACCT
JQ906423   TGTTTGTTTT-GGTGGTTAGGCAC--AGCGG--TAACG------CTT-AGTGCGACACCT
JQ906424   TGTTTGTTTT-GGTGGTTAGGCAC--AGCGG--TAACG------CTT-AGTGCGACACCT
JQ906421   TGTTTGTTTT-GGTGGTTAGGCAC--AGCGG--TAACG------CTT-AGTGCGACACCT
JQ906422   TGTTTGTTTT-GGTGGTTAGGCAC--AGCGG--TAACG------CTT-AGTGCGACACCT
JQ906420   TGTTTGTTTT-GGTGGTTAGGCAC--AGCGG--TAACG------CTT-AGTGCGACACCT
JQ906412   TGTTTGTTTT-GGTGGTTAGGCAC--AGCGG--TAACG------CTT-AGTGCGACACCT
JQ906413   TGTTTGTTTT-GGTGGTTATGCAC--AGCGG--TAACG------CTT-AGTGCGACACCT
```

KP693432	TGTTTGTTTT-GGTGGTTAGGCAC--AGCGG--TAACG------CTT-AGTGCGACACCT
KF850629	TGTTTGTTTT-GGTGGTTAGGCAC--AGCGG--TAACG------CTT-AGTGCGACACCT
KF850630	TGTTTGTTTT-GGTGGTTAGGCAC--AGCGG--TAACG------CTT-AGTGCGACACCT
JQ906414	TGTTTGTTTT-GGTGGTTAGGCAC--AGCGG--TAACG------CT--AGTGCGGCACCT
JQ906416	TGTTTGTTTT-GGTGGTTAGGCAC--AGCGG--TAACG------CT--AGTGCGGCACCT
JQ906415	TGTTTGTTTT-GGTGGTTAGGCAC--AGCGG--TAACG------CT--AGTGCGGCACCT
JQ906418	TGTTTGTTTT-GGTGGTTAGGCAC--AGCGG--TAACG------CT--AGTGCGGCACCT
JQ906419	TGTTTGTTTT-GGTGGTTAGGCAC--AGCGG--TAACG------CT--AGTGCGGCACCT
JQ906409	TGTTTGTTTT-GGTGGTTAGGCAC--GGCGG--TAACG------CTT-AGTGCGGCACCT
JQ906411	TGTTTGTTTT-GGTGGTTAGGCAC--GGCGG--TAACG------CTT-AGTGCGGCACC
JQ906410	TGTTTGTTTT-GGTGGTTAGGCAC--GGCGG--TAACG------CTT-AGTGCGGCACCT
KP693441	TGTTTGTTTT-GGTGGTTAGGCAC--AGCGG--CAACG------CTT-AGTGCGGCACCT
KF850627	TGTTTGTTTT-GGTGGTTAGGCAC--AGCGG--CAACG------CTT-AGTGCGGCACCT
KF850628	TGTTTGTTTT-GGTGGTTAGGCAC--AGCGG--CAACG------CTT-AGTGCGGCACCT
KF850626	TGTTTGTTTT-GGTGGTTAGGCAC--AGCGG--CAACG------CTT-AGTGCGGCACCT
KM085357	TGTTTGTTTT-GGTGGTTAGGCAC--AGCGG--CAACG------CTT-AGTGCGGCACCT
KM085358	TGTTTGTTTT-GGTGGTTAGGCAC--AGCGG--CAACG------CTT-AGTGCGGCACCT
KM085359	TGTTTGTTTT-GGTGGTTAGGCAC--AGCGG--CAACG------CTT-AGTGCGGCACCT
JN786950	TGTTTGTTTT-GGTGGTTAGGCAC--AGCGG--CAACG------CT--AGTGCGGCACCT
KM085356	TGTTTGTTTT-GGTGGTTAGGCAC--AGCGG--CAACG------CT--AGTGCGGCACCT
JN786951	TGTTTGTTTT-GGTGGTTAGGCAC--AGCGG--CAACG------CT--AGTGCGGCACCT
JN786947	TGTTTGTTTT-GGTGGTTACGCAC--AGCGG--CAACG------CTT-AGTGCGGCACCT
JN786948	TGTTTGTTTT-GGTGGTTACGCAC--AGCGT--CAACG------CTT-AGTGCGGCACCT
JN786949	TGTTTGTTTT-GGTGGTTACGCACC-AGCGG--CAACG------CTA-AGTGCGGCACCT
JQ906417	TGTTTGTTTT-GGTGGTTACGCAC--AGCGG--TAACG------CTT-AGTGCGGCACCT
KP693442	TGTTTATTTT-GGTGGTTAGGCACC-AGCGG--TAACGTCGCCGCTA-AGTGCGACACCT
KP693431	TGTTTGTTTT-GGTGGTTAGGCACGCAGTGG--TAACG----CTGTTAAGTGCGACACCT
KM085360	TGTTTGTTTTTGGTGGTTAGGCAC-TAGCGG--TAACG------CTA-AGTGCGGCACCT
KM085361	TGTTTGTTTTTGGTGGTTAGGCAC-TAGCGG--TAACG------CTA-AGTGTGGCACCT
KP693439	TATTTATT-TTGGTGGTTAAAACATAGACTGCGGAAACAGCAGTCTA-TGTG-GACACCT
KP693438	TGTCTGTTATTGGTGGTTAAACATAAAAGCGTGGTAAAACACGTGTT-TGTGTGACACCT
	*** ** ** * ** * ** * |*** * *****

KP693437	GCAAGTCA--GGAAACCTTAATGATCCGTAC--ATAC-GGACGCCA-TACAAACGCCA-C [360]
KP693436	GCAAGACA--GGAAATCTTAATGATCCGTGT--AGAC-GGACGCCAATACAAACGCCAAC
KP693440	GCGAGTCA--GGAAACCTTAATGATCCGTGC--ATGC-GGACGCCAATACAGACACTAAC
KP693443	GCTTGTCA--GGCAATCTTAATGATCCGCYA--TTGC-GGACGCCAAAACAGACGCTA-C
KP693692	GGTTGACA--GGCAATCTTAATGATCCGTCT--ATGC-GGACGCCAAAAAAGACACTAAC
KP693435	GCTTGACA--GGCAATCTTAATGATCCGTCT--ATGC-GGACGCCAAAATAGACGCTAAC

```
KP693434  GGTTGTCA--GGCAATCTTAATGATCCGTGCG-ATGC-GGACGCCAAG-CAGACACTAAC
KP693433  GGTTGTCA--GGCAATCTTAATGATCCGTC---ATGC-GGACGCCAAA-CAGACGCTAAC
JQ906423  GGTTGTCA--GGCAATCTTAATGATTCGTTT--ATGC-GGACGCCAAAGCAAACGCTAAC
JQ906424  GGTTGTCA--GGCAATCTTAATGATCCGTTT--ATGC-GGACGCCAAAGCAAACGCTAAC
JQ906421  GGTTGTCA--GGCAATCTTAATGATCCGTTT--ATGC-GGACGCCAAAGCAGACGCTAAC
JQ906422  GGTTGTCA--GGCAATCTTAATGATCCGTTT--ATGC-GGACGCCAAAGCAGACGCTAAC
JQ906420  GGTTGTCA--GGCAATCTTAATGATCCGTTT--ATGC-GGACGCCAAAGCAGACGCTAAC
JQ906412  GGTTGTCA--GGCAATCTTAATGATCCGTTT--ATGC-GGACGCCAAAGCAAACGCTAAC
JQ906413  GGTTGTCA--GGCAATCTTAATGATCCGTTT--ATGC-GGACGCCAAAGCAAACGCTAAC
KP693432  GGTTGTCA--GGCAATCTTAATGATCCGTTT--ATGC-GGACGCCAAAGCAAACGCTAAC
KF850629  GGTTGTCA--GGCAATCTTAATGATCCGTTT--ATGC-GGACGCCAAAGCAGACGCTAAC
KF850630  GGTTGTCA--GGCAATCTTAATGATCCGTTT--ATGC-GGACGCCAAAGCAGACGCTAAC
JQ906414  GGTTGTCA--GGCAATCTTAATGATCCGTT---ATGC-GGACGCCAAAGCAGACGCTAAC
JQ906416  GGTTGTCA--GGCAATCTTAATGATCCGTT---ATGC-GGACGCCAAAGCAGACGCTAAC
JQ906415  GGTTGTCA--GGCAATCTTAATGATCCGTT---ATGC-GGACGCCAAAGCAGACGCTAAC
JQ906418  GGTTGTCA--GGCAATCTTAATGATCCGTTT--ATGC-GGACGCCAAAGCAGACGCTAAC
JQ906419  GGTTGTCA--GGCAATCTTAATGATCCGTTT--ATGC-GGACGCCAAAGCAGACGCTAAC
JQ906409  GGTTGTCA--GGCAATCTTAATGATCCGTTT--ATGC-GGACGCCAAAGCAGACGCTAAC
JQ906411  GGTTGTCA--GGCAATCTTAATGATCCGTTT--ATGC-GGACGCCAAAGCAGACGCTAAC
JQ906410  GGTTGTCA--GGCAATCTTAATGATCCGTTT--ATGC-GGACGCCAAAGCAGACGCTAAC
KP693441  GGTTGTCA--GGCAATCTTAATGATCCGTTT--ATGC-GGACGCCAAAGCAGACGCTAAC
KF850627  GGTTGTCA--GGCAATCTTAATGATCCGTT---ATGC-GGACGCCAAAGCAGACGCTAAC
KF850628  GGTTGTCA--GGCAATCTTAATGATCCGTT---ATGC-GGACGCCAAAGCAGACGCTAAC
KF850626  GGTTGTCA--GGCAATCTTAATGATCCGTT---ATGC-GGACGCCAAAGCAGACACTAAC
KM085357  GGTTGTCA--GGCAATCTTAATGATCCGTT---ATGC-GGACGCCAAAGCAAACGCTAAC
KM085358  GGTTGTCA--GGCAATCTTAATGATCCGTT---ATGC-GGACGCCAAAGCAGACGCTAAC
KM085359  GGTTGTCA--GGCAATCTTAATGATCCGTT---ATGC-GGACGCCAAAGCAGACGCTAAC
JN786950  GGTTGTCA--GGCAATCTTAATGATCCGTT---AGGC-GGACGCCAAAGCAGACGCTAAC
KM085356  GGTTGTCA--GGCAATCTTAATGATCCGTT---AGGC-GGACGCCAAAGCAGACGCTAAC
JN786951  GGTTGTCA--GGCAATCTTAATGATCCGTT---AGGC-GGACGCCAAAGCAGACGCTAAC
JN786947  GGTTGTCA--GGCAATCTTAATGATCCGTT---ATGC-GGACGCCAAAGCAGACGCTAAC
JN786948  GGTTGTCA--GGCAATCTTAATGATCCGTT---ATGC-GGACGCCAAAGCAGACGCTAAC
JN786949  GGTTGTCA--GGCAATCTTAATGATCCGTTT--ATGC-GGACGCCAAAGCAGACGCTAAC
JQ906417  GGTTGTCA--GGCAATCTTAATGATCCGTTT--ATGC-GGACGCCAAAGCAGACGCTAAC
KP693442  GATTGTCA--GGCAATCTCAATGATCCATCTTATTGT-GGACGCCAAAGCAAACGCCAAC
KP693431  GGTTGTCACAGGCAATCTTAATGATCCGCCT--ATGC-GGACGCCAAGATAGACGCTAAC
KM085360  GGTTGTCA--GGCAATCTTAATGACCCGGTT--ATGCCGGGCGCCAATACAAACGCTAAC
KM085361  GGTTGTCA--GGCAATCTTAATGACCCGGTT--ATGCCGGGCGCCAATACAAACGCTAAC
KP693439  GATTCTCA--GGAAATCTTAATGATCCGCCGCAAATGCGGACGCCAAAATAGATAATAAC
KP693438  GTTTGTCA--GGAAACCTTAATGATTCG---TGAAAACGAACGCCAATACAGACACTAAC
          *  *****  ** ***** ***** *        *    * ******  *  *   ***
```

                                                    ← [ITS1] [ITS2] →

KP693437 T--TTTAACGTTTAAATCTTGCAGAACCGTGACTTTA-T-GTCAC-AA-TCGATAT---- [420]
KP693436 T--TTTAACGTTTAAATATTGCAGAATCGTGACTTTAAC-GTCAC-AA-TTGATAT----
KP693440 T--TTTAACGTTTGAATATTGCAGAACCGTGACTTTAAT-GTCAC-AC-TCGATAT----
KP693443 T--TTTTACGTTTGAATTTTGCAGAATCGTGACTTTTA--GTCAC-AA-TCGATATT---
KP693692 A--TTTTACGTTTGAATATTGCAGAATTGTGACATTTA--GTCACCAA-TCGATAT----
KP693435 T--TTTTACGTTTAAAACTTGCAGAATCGTGACGTTTA--GTCACAAA-TCGATAT----
KP693434 G--TTTTACTTTTGATCATTGCAGAACCGTGACTTTTA--GTCACAAA-GCGATAT----
KP693433 T--TTTGACTTTTGAATATTGCAGAACCGTGACTCTTC--GTCACAAA-TCGATAT----
JQ906423 T--TTTTATGTTTGAATTTTGCAGAACTGTGACTTTGA--GTCAC-AA-TCGATAT----
JQ906424 T--TTTTATGTTTGAATTTTGCAGAACTGTGACTTTGA--GTCAC-AA-TCGATAT----
JQ906421 T--TTTTATGTTTGAATTTTGCAGAACTGTGACTTTGA--GTCAC-AA-TCGATAT----
JQ906422 T--TTTTATGTTTGAATTTTGCAGAACTGTGACTTTGA--GTCAC-AA-TCGATAT----
JQ906420 T--TTTTATGTTTGAATTTTGCAGAACTGTGACTTTGA--GTCAC-AA-TCGATAT----
JQ906412 T--TTTTATGTTTGAATTTTGCAGAACTGTGACTTTGA--GTCAC-AA-TCGATAT----
JQ906413 T--TTTTATGTTTGAATTTTGCAGAACTGTGACTTTGA--GTCAC-AA-TCGATAT----
KP693432 T--TTTTATGTTTGAATTTTGCAGAACTGTGACTTTGA--GTCAC-AA-TCGATAT----
KF850629 T--TTTTATGTTTGAATTTTGCAGAACTGTGACTTTGA--GTCAC-AA-TCGATAT----
KF850630 T--TTTTATGTTTGAATTTTGCAGAACTGTGACTTTGA--GTCAC-AA-TCGATAT----
JQ906414 T--TTTTACGTTTAAATTTTGCAGAACTGTGACTTTAA--GTCAC-AA-TCGATAT----
JQ906416 T--TTTTACGTTTAAATTTTGCAGAACTGTGACTTTAA--GTCAC-AA-TCGATAT----
JQ906415 T--TTTTACGTTTAAATTTTGCAGAACTGTGACTTTAA--GTCAC-AA-TCGATAT----
JQ906418 T--TTTAACATTTGAATTTTGCAGAACTGTGACTTTGA--GTCAC-AA-TCGATAT----
JQ906419 T--TTTAACATTTGAATTTTGCAGAACTGTGACTTTGA--GTCAC-AA-TCGATAT----
JQ906409 T--TTTTAAGTTTGATTTTTGCAGAACTGTGACTTTGA--GTCAC-AA-TCGATAT----
JQ906411 T--TTTTAAGTTTGATTTTTGCAGAACTGTGACTTTGA--GTCAC-AA-TCGATAT----
JQ906410 T--TTTTATGTTTGATTTTTGCAGAACTGTGACTTTGA--GTCAC-AA-TCGATAT----
KP693441 T--TTTTATGTTTGAATTTTGCAGAACTGTGACTTTGA--GTCAC-AA-TCGATAT----
KF850627 T--TTTTACATTTGAATTTTGCAGAACTGTGACTTTAA--GTCAC-AA-TCGATAT----
KF850628 T--TTTTACATTTGAATTTTGCAGAACTGTGACTTTAA--GTCAC-AA-TCGATAT----
KF850626 T--TTTTACATTTGAATTT-GCAGAACTGTGACTTTAA--GTCAC-AA-TCGATAT----
KM085357 T--TTTTATATTTGAATTTTGCAGAACTGTGGCTTTGA--GTCAC-AA-TCGATAT----
KM085358 T--TTTTATATTTGAATTTTGCAGAACTGTGACTTTGA--GTCAC-AA-TCGATAT----
KM085359 T--TTTTATATTTGAATTTTGCAGAACTGTGACTTTGA--GTCAC-AA-TCGATAT----
JN786950 T--TTTTATGTTTGAATTTTGCAGAACTGTGACTTTGA--GTCAC-AA-TCGATAT----
KM085356 T--TTTTATGTTTGAATTTTGCAGAACTGTGACTTTGA--GTCAC-AA-TCGATAT----
JN786951 T--TTTTATGTTTGAATTTTGCAGAACTGTGACTTTGA--GTCAC-AA-TCGATAT----
JN786947 T--TTTTATGTTTGAATTTTGCAGAACTGTGGCTTTGA--GTCAC-AA-TCGATAT----
JN786948 T--TTTTATGTTTGAATTTTGCAGAACTGTGGCTTTGA--GTCAC-AA-TCGATAT----

JN786949	T--TTTTATGTTTGATTTTTGCAGAACTGTGGCTTTGA--GTCAC-AA-TCGATAT----
JQ906417	T--TTTTATGTTTGAATTTTGCAGAAATGTGACTTTAA--GTCAC-AA-TCGATAT----
KP693442	T--ATTTACGTTTAATACTTGCAGAACTGTGACTGAGAA-GTCAC-AA-TCGATTC----
KP693431	TGTTTTCATGTTTGAATCTTGCAGAATCGTGACTTTAA--GTCAC-AA-TCGATATATGT
KM085360	T---TTTACGTTTATATTTTGCAGAACCGTGGCTCTAA--GTCAC-AA-CTGATAT----
KM085361	T---TTTACGTTTATATTTTGCAGAACCGTGGCTCTAA--GTCAC-AA-CTGATAT----
KP693439	T--TTTTACATTTATAATTTGCAGAACCGTGACT-TTAT-GTCACAA--TCGATATAT--
KP693438	T--TTTAACATWTGAAGTTTGCAGACTCGTGACTATTATAGTCACAAAATCGATATAT--
	* * * * * * * * * * * * * * * * * * * * * * *

KP693437	ATATACTACAATGTGGCCTGTG—ACATTGTTTGTCGAATGGCGCTTGCATTCATTTGCA [480]
KP693436	ACGTACTACAATGTGGCCTGTA--ACATTGTTTGTCGAATGGCGCTTGCATTCAATTGCA
KP693440	ACTTACTACAATGTGGCCTGTT--ACATTGTTTGTCGAATGGCGCTTGCATCTGAT-GCA
KP693443	ATATACTACAATGTGGCCTGTT--ACATTGTTTGTCGAATGGCGCTTGCATTCAATTGCA
KP693692	ACGTACTACAATGTGGCCTGTA--ACATTGTTTGTCGAATGGTGCTTGCA--TTTTTGCA
KP693435	ACGTACTACAATGTGGCGAGTA--ACATTGTTTGTCGAATGGTGCTTGCACATTCTTGCA
KP693434	GTGTACTACAATGTGGCCTGTA--ACATTGTATGTCGAATGGTGCTTGCATTCACTTGCG
KP693433	ATTTACTACAATGTGGCCTGTA--ACATTGTTTGTCGAATGGCGCTTGCATTTACTTGCA
JQ906423	AAATACTACAATGTGGCTTGTT--ACATTGTTTGTCGAATGGCGCTTGCATTCATTTGCA
JQ906424	AAATACTACAATGTGGCCTATT--ACATTGTTTGTCGAATGGCGCTTGCATTCATTTGCA
JQ906421	AAATACTACAATGTGGCCTGTT--ACATTGTTTGTCGAATGGCGCTTGCATTCATTTGCG
JQ906422	AAATACTACAATGTGGCCTGTT--ACATTGTTTGTCGAATGGCGCTTGCATTCATTTGCG
JQ906420	AAATACTACAATGTGGCCTGTT--ACATTGTTTGTCGAATGGCGCTTGCATTCATTTGCG
JQ906412	AAATACTACAATGTGGCCTGTT--ACATTGTTTGTCGAATGGCGCTTGCATTCATTTGCA
JQ906413	AAATACTACAATGTGGCCTGTT--ACATTGTTTGTCGAATGGCGCTTGCATTCATTTGCA
KP693432	AAATACTACAATGTGGCCTGTT--ACATTGTTTGTCGAATGGCGCTTGCATTCATTTGCA
KF850629	AAATACTACAATGTGGCCTGTT--ACATTGTTTGTCGAATGGCGCTTTCATTTATTTGAA
KF850630	AAATACTACAATGTGGCCTGTT--ACATTGTTTGTCGAATGGCGCTTTCATTTATTTGAA
JQ906414	AAATACTACAATGTGGCCTGTT--ACATTGTTTGTCGAATGGCGCTTGCATTCATTTGCG
JQ906416	AAATACTACAATGTGGCCTGTT--ACATTGTTTGTCGAATGGCGCTTGCATTCATTTGCG
JQ906415	AAATACTACAATGTGGCCTGTT--ACATTGTTTGTCGAATGGCGCTTGCATTCATTTGCG
JQ906418	GAATACTACAATGTGGCCTGTT--ACATTGTTTGTCGAATGGCGCTTGCATTCATTTGCA
JQ906419	GAATACTACAATGTGGCCTGTT--ACATTGTTTGTCGAATGGCGCTTGCATTCATTTGCA
JQ906409	AGATACTACAATGTGGACTATT--ACATTGTTTGTCGAATGGCGCTTGCATTCATTTGCA
JQ906411	AGATACTACAATGTGGACTATT--ACATTGTTTGTCGAATGGCGCTTGCATTCATTTGCA
JQ906410	AGATACTACAATGTGGACTATT--ACATTGTTTGTCGAATGGCGCTTGCATTCATTTGCA
KP693441	AAATACTACAATGTGGCCTGTT--ACATTGTTTGTCGAATGGCGCTTGCATTCATTTGCA
KF850627	AAATACTACAATGTGGCCTGTT--ACATTGTTTGTCGAATGGCGCTTGCATTCATTTGCA
KF850628	AAATACTACAATGTGGCCTGTT--ACATTGTTTGTCGAATGGCGCTTGCATTCATTTGCA
KF850626	AAATACTACAATGTGGCCTGTT--ACATTGTCTGTCGAATGGCGCTTGCATTCATTTGCA

```
KM085357  AAATACTACAATGTGGCCTGTT--ACATTGTTTGTCGAATGGCGCTTGCATTCATTTGCA
KM085358  AAATACTACAATGTGGCCTGTT--ACATTGTTTGTCGAATGGCGCTTGCATTCATTTGCA
KM085359  AAATACTACAATGTGGCCTGTT--ACATTGTTTGTCGAATGGCGCTTGCATTCATTTGCA
JN786950  AAATACTACAATGTGGCCTGTT--ACATTGTTTGTCGAATGGCGCTTGCATTCATTTGCA
KM085356  AAATACTACAATGTGGCCTGTT--ACATTGTTTGTCGAATGGCGCTTGCATTCATTTGCA
JN786951  AAATACTACAATGTGGCCTGTT--ACATTGTTTGTCGAATGGCGCTTGCATTCATTTGCA
JN786947  AAATACTACAATGTAGCCTGTT--ACATTGTTTGTCGAATGGCGCTTGCATTCATTTGCA
JN786948  AAATACTACAATGTAGCCTGTT--ACATTGTTTGTCGAATGGCGCTTGCATTCATTTGCA
JN786949  AAATACTACAATGAGGCCTGTT--ACATTGTTTGTCGAATGGCGCTTGCATTCATTTGCA
JQ906417  AAATACTACAATGTGGCCTGTT--ACATTGTTTGTCGAATGGCGCTTGCATTCAATTGCA
KP693442  ATGTACTACAATGTGGCCTGTA--ACATTGTTTGTCGAATGGCGCTTGCATTCAATTGCA
KP693431  GTATACTACAATGTGGCCTGTATAACATTGTTTGTCGAATGGCGCTTGCATTTG-TTGCA
KM085360  ACATACTACAATGTGGCCTGTT--ACATTGTTTGTCGAATGGCGCTTGCATTTACTTGCA
KM085361  ACATACTACAATGTGGCCTGTT--ACATTGTTTGTCGAATGGCGCTTGCATTTACTTGCA
KP693439  G--TACTACAATGTAGCCTGTTAAACATTGTCGGTCGAATGGTGTATACATTAAATTGTG
KP693438  ACATACTACAATGTGGCCTGTCAA-CATTGTTTGTCGAATGGTGCTTGCATTCAGTTGTA
          * * ******* * ***** *    ***** *  ********  * ****** *   * *


KP693437  ATCCCCGTTCTAGTTAAGAA-AT--ATTGCAACATGTATGT--TGCTTG—GTCACGACT〔540〕
KP693436  ATCCCCGTTCTAGAGAAGAA-TTCTATTGCAACATGTATGT--TGTCTAT-GTCATAAAT
KP693440  ATCCCCATTCTAGTGAAGAA-ACGTATTGCAACATGTA-GT--TATCGATGGCTGCAGAT
KP693443  ATCCCCATTCTAGAGAAGAA-GCATATTGCAACATGTATGT--TAGCTGAAGTTTACAAT
KP693692  ATCCCCGTTCTAGAGAAGAA-GCATATTGCAACATGTACGT--TGGTTATGGTTTGCAAA
KP693435  ATCCCCGTTCTAGAGAAGAA-GCATACTGCAACAGGTACGT--TGGCTATGGTTTGCAAA
KP693434  ATCCCCGTTCTAGAGAAGAACACCTAGTGCAACATGTACGT--TGGATATGGTGTGCAAA
KP693433  ATCCCCGTTCTAGAAAAGAAGA--TAATGCAACATGTACGT--TGAATATGGTTTGCAAA
JQ906423  ATCCCCATTCTAGAAAAGAA-GCATATTGCAACATGTATGT--TAGCCAT-GCCTTAAGA
JQ906424  ATCCCCATTCTAGAAAAGAA-GCATATTGCAACATGTATGT--TAGCCAT-GCCTTAAGA
JQ906421  ATCCCCATTCTAGAAAAGAA-GCATATTGCAACATGTATGT--TAGCCAT-GCCTTAAAA
JQ906422  ATCCCCATTCTAGAAAAGAA-GCATATTGCAACATGTATGT--TAGCCAT-GCCTTAAAA
JQ906420  ATCCCCATTCTAGAAAAGAA-GCACATTGCAACATGTATGT--TAGCCAT-GCCTTAAAA
JQ906412  ATCCCCATTCTAGAAAAGAA-GCATATTGCAACATGTATGT--TAGC--T-GCCTTAAGA
JQ906413  ATCCCCATTCTAGAGAAGAA-GCATATTGCAACATGTATGT--TAGC--T-GCCTTAAGA
KP693432  ATCCCCATTCTAGAAAAGAA-GCATATTGCAACATGTATGT--TAGC--T-GCCTTAAGA
KF850629  ATCCCCATTCTAGAAAAGAA-GCATATTGCAACATGTACGT--TGGCTAT-GCCTTAAGA
KF850630  ATCCCCATTCTAGAAAAGAA-GCATATTGCAACATGTACGT--TGGCTAT-GCCTTAAGA
JQ906414  ATCCCCATTCTAGAAAAGAA-GCATATTGCAGCATGTATGT--TAGTTGT-GCCTCAAGA
JQ906416  ATCCCCATTCTAGAAAAGAA-GCATATTGCACCATGTATGT--TAGTTGT-GCCTCAAGA
JQ906415  ATCCCCATTCTAGAAAAGAA-GCATATTGCAACATGTATGT--TAGTTGT-GCCTCAAGA
```

```
JQ906418  ATCCCCATTCTAGAAAAGAA-GCATATTGCAACATGTATGT--TAGTTGT-GCTTTAAGA
JQ906419  ATCCCCATTCTAGAAAAGAA-GCATATTGCAACATGTATGT--TAGTTGT-GCCTTAAGA
JQ906409  ATCCCCATTCTAGAAAAGAA-GCATATTGCAACATGTATGT--CAGCCAT-G--------
JQ906411  ATCCCCATTCTAGAAAAGAA-GCATATTGCAACATGTATGT--CAGCCAT-G--------
JQ906410  ATCCCCATTCTAGAAAAGAA-GCATATTGCAACATGTATGT--CAGCCAT-G--------
KP693441  ATCCCCATTCTAGAAAAGAA-GCATATCGCAACATGTATGT--TGGCTAT-GATGC--GA
KF850627  ATCCCCATTCTAGAAAAGAA-GCATATTGCAACATGTATGT--TGGCTAT-GCCC---TA
KF850628  ATCCCCATTCTAGAAAAGAA-GCATATTGCAACATGTATGT--TGGCTAT-GCCC---TA
KF850626  ATCCCCATTCTAGAAAAGAA-GCATATTGCAACATGTATGT--TGGCTAT-GCC----TA
KM085357  ATCCCCATTCTAGAAAAGAA-GCATATTGCAACATGTATGT--TGGCTAT-GCCT---TA
KM085358  ATCCCCATTCTAGAAAAGAA-GCATATTGCAACATGTATGT--TGGCTCT-GCCTGAGGA
KM085359  ATCCCCATTCTAGAAAAGAA-GCATATTGCAACATGTATGT--TGGCTAT-GCCTGAGGA
JN786950  ATCCCCATTCTAGAAAAGAA-GCATATTGCAACATGTATGT--TGGCTAT-ATC------
KM085356  ATCCCCATTCTAGAAAAGAA-GCATATTGCAACATGTATGT--TGGCTAT-GTCCCAAAA
JN786951  ATCCCCATTCTAGAAAAGAA-GCATATTGCAACATGTATGT--TGGCTAT-ATC------
JN786947  ATCCCCGTTCTAGAAAAGAA-ACATATTGCAACATGTACGT--TAGCTAT-GCCTTAATA
JN786948  ATCCCCGTTCTAGAAAAGAA-ACATATTGCAACATGTACGT--TAGCTAT-GCCTTAATA
JN786949  ATCCCCGTTCTAGAAAAGAA-GCTAATTGCAACATGTACGT--TAACTAT-TCCTTAATA
JQ906417  ATCCCCATTCTAGAAAAGAA-GCATATTGCAACATGTATGT--TGGCTAA-GCCTTACAA
KP693442  ATCCCCGTTCTAGAGAAGAA-GCATTTTGCAACATGTATGTGTTGGCTTT-GGCTTAGTG
KP693431  ATCCCCGTTCTAGTAAAGAA-GCATACTGCAACATGTATGT--TCGCTTTGGCTAACAAC
KM085360  ATCCCCATTCTAGAAAAGAA-ACATATTGCAACATGTATGT-------------------
KM085361  ATCCCCATTCTAGAAAAGAA-ACATATTGCAACATGTATGT-------------------
KP693439  TCCCCCATTCTAGAAAAGAATAT--ATTGCAACATGTATAT-------------------
KP693438  ATCCCCATTCTAGAAAAGAATAATAATTGCAACATGTATGT-------------------
          * * * * * * * * * * * * *       * * * * * *   *
```

```
KP693437  -CAGAT-TAACGTGAATA------GTCACTACTAGATCGTTTACCGCCATTT----AACG [600]
KP693436  -CAGAT-TAACGTCAATG--TGTTGTCACTACTAGATCGTTTAACGCATCTT----AACT
KP693440  GCAGAT-TGACTTAATTG--CGCTGTCACTATTAGATCGTTTACCGCCTCCT----AACG
KP693443  ACAGASATTACGTAGATT--CGTTGTCACTATTGGAACGTTTACCGCCTGTT----AACG
KP693692  ACAGAA-TAACGTAAATT--CGTTGTCGATACTAGATTGTTTACCGCCTGTT----AACT
KP693435  ACAGAA-TGACGTAAATT--CGTTGTCGATACTAGATCGTTTACCGCCTTTTT---AACG
KP693434  GCAGAA-TAACGTAGATT--CGTTGTCACTACTGGATCGTTTACCGCCTGTT----GACG
KP693433  AGAGAA----CTTAGGTT--CGTTGTCACCATTAGTACGTTTACCGCCTATT----AACG
JQ906423  ACAG-----AAGTGAATG--CGTTGTTACTGCTAGATCGTTTAATGCCTGTT----AACG
JQ906424  ACAG-----AAGTGAATG--CGTTGTTACCGCTAGATCGTTTAATGCCTGTT----AACG
JQ906421  ACAG-----AAGTGAATG--CGCTGTTACCGCTAGATCGTTTAATGCCTGTT----AACG
JQ906422  ACAG-----AAGTGAATG--CGCTGTTACCGCTAGATCGTTTAATGCCTGTT----AACG
```

```
JQ906420   ACAG-----AAGTGAATG--CGCTGTTACCGCTAGATCGTTTAATGCCTGTT----AACG
JQ906412   ---G-----AACTGAATG--CGTTGTTACTGCTAGATCGTTTAATGCCTGTT----AACG
JQ906413   ---G-----AAGTGAATG--CGCTGTTACTGCTAGATCGTTTAATGCCTGTT----AACG
KP693432   ACAG-----AAGGGAATG--CGTTGTTACTGCTAGATTGTTTAATGCCTGTT----AACG
KF850629   ACAG-----AGGTGAACG--CGTTGTTACTGCTGGATCGTTTAATGCCTGTT----AACA
KF850630   ACAG-----AGGTGAACG--CGTTGTTACTGCTGGATCGTTTAATGCCTGTT----AACA
JQ906414   ACAG-----AAGTGAATG--CGTTGTTACTGCTGAAACGTTTAATGCCTGTT----AACG
JQ906416   ACAG-----AAGTGAATG--CGTTGTTACTGCTGAAACGTTTAATGCCTGTT----AACG
JQ906415   ACAG-----AAGTGAATG--CGTTGTTACTGCTGAAACGTTTAATGCCTGTT----AACG
JQ906418   ACAG-----AAGTGAACG--CGTTGTTACTGCTGAAACATTTAATGCCTGTT----AACG
JQ906419   ACAG-----AAGTGAACG--CGTTGTTACTGCTGAAACGTTTAATGCCTGTT----AACG
JQ906409   -CGG-----TAGTGAATG--CGTTGTTACTGCTGTATCGTTTAATGACTGTT----AACG
JQ906411   -CGG-----TAGTGAATG--CGTTGTTACTGCTGTATCGTTTAATGACTGTT----AACG
JQ906410   -CGG-----TAGTGAATG--CGTTGTTACTGCTGTATCGTTTAATGACTGTT----AACG
KP693441   ACAG-----AGATGAATG--CGTTGTTACTGCTGGATCGTTTACCGCCTGTT----AACG
KF850627   ACAG-----AAGTGGATG--CGTTGTTACTGCTGGTTCGTTTAATGCCTGTT----AACG
KF850628   ACAG-----AAGTGGATG--CGTTGTTACTGCTGGTTCGTTTAATGCCTGTT----AACG
KF850626   ACAG-----AAGTGAATG--CGTTGTTACTGCTGGTTCGTTTAATGCCTGTT----AACG
KM085357   ACAG-----AAGTGAGTG--CGTTGTTACTGCTGGTTCGTTTAATGCCTGTT----AACG
KM085358   ACAG-----AAGTGAATG--CGTTGTTACTGCTAGATGGTTTAATGCCTGTT----AACG
KM085359   ACAG-----AAGTGAATG--CGTTGTTACTGCTAGATGGTTTAATGCCTGTT----AACG
JN786950   ------------------------------------------------------------
KM085356   ACGA-----GAATGAATG--CGTTGTTACTACTGGATCGTTTAATGCCTGTT----AACG
JN786951   ------------------------------------------------------------
JN786947   ATAG-----A--TGAATG--CGTTGTTACTACTGGATCGTTTAATGCCTGTT----AACG
JN786948   ATGG-----A--TGAATG--CGTTGTTACTACTGGATCGTTTAATGCCTGTT----AACG
JN786949   ACAG-----AAGTGAATG--CGTTGTTACTGCTGGATCGTTTAATGCCTGTT----AACG
JQ906417   ACAG-----AAATGAATA--CGTTGTTACTGCTGGATTGTTTAATGCCTGTT----AACG
KP693442   GCAGTT--TGACGTAATT--CGTTGTTACTGCTGGATCGTTTACCGCCTGTT----AACG
KP693431   GCACAT-CGACGTAATTTGTCGTTGCCACTATTAGATCGTTTACCGCCTGCCTGTTAACG
KM085360   ------------------------------------------------------------
KM085361   ------------------------------------------------------------
KP693439   ----------------------------------------------------------TA
KP693438   ----------------------------------------------------------TA
```

```
KP693437   T-CTAGTAG-GGCCTGTATGACTACGC--TATTGATCGTTA---TCTGTAATGTGAC—T [660]
KP693436   TTCTAGTGG-AGCCTGTATGACTACGC--TATTGTTCGTTAAC-TCTGTAATGTGAC--T
KP693440   TTCTAGTAG-AGCCTGTATGGCTGCGC--TATTGATCGATA---TCTGGAATGTAGC--T
```

KP693443	TTCTAATAG-CGCATGTG-AACAACGC--TATCGATCGTTA---TCTGTATCGTAGC--T
KP693692	TTCTAGTAG-AGCTTG-ATGACAGCGT--TCTTTACTGTTGTTTCCTGTAATGCGGC--T
KP693435	TTCTAGTGG-AGCTTG-ATGACAGCGT--TTCAT----------CTGCAATGCGGC--C
KP693434	TTTTAGTGG-GGCCTG-ATGACAGCGA--TCGTTATTGTT-----CTGCGATGTGCT--G
KP693433	TTCTAGTGG-GGCCTG-ATGACAGCGT--TCTTTATTGTT-----CTGCAATGCGGC--T
JQ906423	ATCCAGTGG-GGCCTG-ATGACAGCG-------CTTCGTTA---TCTG--ATTTGGT--T
JQ906424	ATCCAGTGG-GGCCTG-ATGACAGCG-------CTTCGTTA---TCTG--ATTTGGC--T
JQ906421	ATTTAGTGG-GGCCTG-ATGACAGCG-------CTTCGTTA---TCTG--ATTTGGC--T
JQ906422	ATTTAGTGG-GGCCTG-ATGACAGCG-------CTTCGTTA---TCTG--ATTTGGC--T
JQ906420	ATTTAGTGG-GGCCTG-ATGACAGCG-------CTTCGTTA---TCTG--ATTTGGC--T
JQ906412	ATCCAGTGG-GGCCTG-ATGACAGCG-------CTTCCCTA---TCTG--ATTTGGC--T
JQ906413	ATCCAGTGG-GGCCTG-ATGACAGCG-------CTTCCTTA---TCCG--ATTTGGC--T
KP693432	ATCTAGTGG-GGCCTG-ATGACAGCG-------CTTCCTTM---TCTG--ATTTGGC--T
KF850629	TTCCAGCGG-GGCCTG-ATGACAGCG-------CTTCGTTA---TCTG--ATTTGG---T
KF850630	TTCCAGCGG-GGCCTG-ATGACAGCG-------CTTCGCTA---TCTG--ATTTGG---T
JQ906414	TTCCGTGGGGGCCTG-ATGACAATG-------CTTCGTTA---TCTG--ATTTGGC--T
JQ906416	TTCCGTGGGGGCCTG-ATGACAATG-------CTTCGTTA---TCTG--ATTTGGC--T
JQ906415	TTCCGTGGGGGCCTG-ATGACAATG-------CTTCGTTA---TCTG--ATTTGGC--T
JQ906418	TTTCAGTGGAGGCCTG-ATGACATCG-------CTTCGTTA---TCTG--ATTTGGC--T
JQ906419	TTTCAGTGGAGGCCTG-ATGACATCG-------CTTCGTTA---TCTG--ATTTGGC--T
JQ906409	TTACAGTGG-GGACTG-ATGACAGCG-------CTTCATAA---GCTG--ATTTGGC--T
JQ906411	TTACAGTGG-GGACTG-ATGACAGCG-------CTTCATAA---GCTG--ATTTGGC--T
JQ906410	TTACAGTGG-GGACTG-ATGACAGCG-------CTTCATAA---GCTG--ATTTGGC--T
KP693441	TTCCAGTGG-GGCCTG-ATGACAGCG-------CTTTATTA---TCTG--ATTTGGC--T
KF850627	TTCCAGTAG-GGCCTG-ATGACAGCG-------CTTCGTTA---TCTG--ATTTGGC--T
KF850628	TTCCAGTAG-GGCCTG-ATGACAGCG-------CTTCGTTA---TCTG--ATTTGGC--T
KF850626	TTCCAGTAG-GGCCTG-ATGACAGCG-------CTTCGTTA---TCTG--ATTTGGC--T
KM085357	TTCCAGTAG-GGCCTG-ATGACAGCG-------CTTCGTTA---TCTG--ATTTGGC--T
KM085358	TTCCAGCAG-GGCCTG-ATGACAGCG-------CTTCGTTA---TCTG--ATTTGGC--T
KM085359	TTCCAGCAG-GGCCTG-ATGACAGCG-------CTTCGTTA---TCTG--ATTTGGC--T
JN786950	---TTTGGC--T
KM085356	TTCCAGTGG-GGCCTG-ACGACAGCG-------CTTCGTTA---TCTG--ATTTGGC--T
JN786951	---TTTGGC--T
JN786947	TTCCARTAG-GGCCTG-ATGACAGCG-------CTTCGTTA---TCTG--ATCTGGC--T
JN786948	TTCCARTGG-GGCCTG-ATGACAGCG-------CTTCGTTA---TCTG--ATCTGGC--T
JN786949	TTCCAGCGG-GGCCTG-ATGACAGCG-------CTTCGTTA---TCTG--ATTTGGC--C
JQ906417	TTCCAGTGG-GGCCTG-ATGACAGCG-------CTTCGTTA---TCTG--ATTTGGC--T
KP693442	TTCTAGTGG-AGCCTG-ATGACAGCGA--GTTCTATCGTTA---TCTGCTATGTAGCTGT
KP693431	TTCTAGTGG-CGCTTG-CTGGCAACGGATTCTAGTTCGTTCTA-TTTGCAATGTGGC--C
KM085360	---TGGC--T
KM085361	---TGGC--T
KP693439	TTCAA---TAAT--A

KP693438	GCTGGGTGG--TAAT--A

KP693437	GTGGCATA--GTACACGGAATGACGT-ATAATCGTTGTA-ACTGCTAATATGTTTACCGC	[720]
KP693436	GTGGCATA--ATACACAGAATGACAT-ATAATCGTTATT-ACTACTAAATTGTCCACCGT	
KP693440	ATGACATA--CTACACTGAATGACAT-ATATTCGTTGTC-ACTGCTGATATGTTTACCGC	
KP693443	GAGGTAAACCATACACAGAATGACATTATAGTCGTTGTC-ACTGCTAATTTGTTCATCGC	
KP693692	GTGACCAG--CTACACAGAATGACAT-ATATACGTTGTC-GCTGCTGATATGTTTACCGT	
KP693435	GTGACCAG--CTACACAAAATGACAT-ATATTCGTTGTT-ACTGCTGATTTGTTCACCGC	
KP693434	CTGACCAA--CTGCACTGAATGGCAT-ATGTTCGTTGTC-ACTGCTAATTTGTTAATCGC	
KP693433	GTTAACAA--CTACACTGAATGGCAT-ATATTCGTTGTC-ACTGCTGATTTGTTAACGC	
JQ906423	ATGGCTAA--CTACACAGAATGACAT-ATATTCGTTGTC-ACTGTTGACTTGTTTACCGC	
JQ906424	ATGGCTAA--CTACACAGAATGACAT-ATATTCGTTGTC-ACTGTTGACTTGTTTACCGC	
JQ906421	ATGGCTAA--CTACACAGAATGACAT-ATATTCGTTGTC-ACTGTTGACGTGTTTACCGC	
JQ906422	ATGGCTAA--CTACACAGAATGACAT-ATATTCGTTGTC-ACTGTTGACGTGTTTACCGC	
JQ906420	ATGGCTAA--CTACACAGAATGACAT-ATATTCGTTGTC-ACTGTTGACGTGTTTACCGC	
JQ906412	ATGGCTAA--CTACACAGAATGACAT-ATATTCGTTGTC-ACTGTTGACGTGTTTACCGC	
JQ906413	ACGGCTAA--CTACACAGAATGACAT-ATATTCGTTGTC-ACTGTTGACGTGTTTACCGC	
KP693432	ATTGCTAA--CTACACAGAATGACAT-ATATTCGTTGTC-ACTGTTGACGTGTTTACCGC	
KF850629	ATGGCTAA--CTACACAGAATGACAT-ATATTCGTTGTC-ACTGTCGATTTGTTTACCGC	
KF850630	ATGGCTAA--CTACACAGAATGACAT-ATATTCGTTGTC-ACTGTCGATTTGTTTACCGC	
JQ906414	ATGGCTAA--CTACACAGAATGACAT-ATATTCGTTGTC-ACTGTTGACTTGTTTACCGC	
JQ906416	ATGGCTAA--CTACACAGAATGACAT-ATATTCGTTGTC-ACTGTTGACTTGTTTACCGC	
JQ906415	ATGGCTAA--CTACACAGAATGACAT-ATATTCGTTGTC-ACTGTTGACTTGTTTACCGC	
JQ906418	ATGGCTAA--CTACACAGAATGACAT-ATATTCGTTGTC-ACTGTTGACTTGTTTACCGC	
JQ906419	ATGGCTAA--CTACACAGAATGACAT-ATATTCGTTGTC-ACTGTTGACTTGTTTACCGC	
JQ906409	TTG----A--CTACACAGAATGACAT-ATATTCGCTGTT-ACTGTTGACTTGTTTACCGA	
JQ906411	TTG----A--CTACACAGAATGACAT-ATATTCGCTGTT-ACTGTTGACTTGTTTACCGA	
JQ906410	TTG----A--CTACACAGAATGACAT-ATATTCGCTGTT-ACTGTTGACTTGTTTACCGA	
KP693441	TCGGCTAA--CTACACGGAATGACAT-ATATTCGTTGTC-ACTGCTGATTTGTTTACCGC	
KF850627	ATAGCTAA--TTACACAGAATGACAT-ATATTCGTTGTC-ACTGTTGACTTGTTTACCGC	
KF850628	ATAGCTAA--TTACACAGAATGACAT-ATATTCGTTGTC-ACTGTTGACTTGTTTACCGC	
KF850626	ATAGCTAA--TTACACAGAATGACAT-ATATTCGTTGTC-ACTGTTGACTTGTTTACCGC	
KM085357	ATAGCTAA--TTACACAGAATGACAT-ATATTCGTTGTC-ACTGCTGACTTGTTTACCGC	
KM085358	ATAGCTAA--TTACACAGAATGACAT-ATATTCGTTGTC-ACTGTTGACTTGTTTACCGC	
KM085359	ATAGCTAA--TTACACAGAATGACAT-ATATTCGTTGTC-ACTGTTGACTTGTTTACCGC	
JN786950	ATGGCTAA--CTACACAGAATGACAT-ATAATCGTTGTC-ACTGTTGACTTGTTTACCGC	
KM085356	ATGGCTAA--CTACACAGAATGACAT-ATAATCGTTGTC-ACTGTTGACTTGTTTACCGC	
JN786951	ATGGCTAA--CTACACAGAATGACAT-ATAATCGTTGTC-ACTGTTGACTTGTTTACCGC	

JN786947	ATGGCTAA--CKACACAGAATGACAT-ATATTCGTTGTC-ACTGTTGACTTGTTTACCGC
JN786948	ATGGCTAA--CKACACAGAATGACAT-ATATTCGTTGTC-ACTGTTGACTTGTTTACCGC
JN786949	ATGGCTAA--CTACACAGAATGACAT-ATATTCGTTGTC-ACTGTTGACTTGTTTACCGC
JQ906417	ATGGCTAA--CTACACAGAATGACAT-ATATTCGTTGTC-ACTGCTGATTTGTTTACCGC
KP693442	ATAGCACA--CTACACAGAATGGCAT-ATATTCGTTGTC-ACTGCTAATTTGTTTACCGC
KP693431	ATAGCATA--CTACACAGAATGACGT-ATACTCGTTGTT-ACTGTTGATTTGTTTACCGC
KM085360	ACGGCTAA--CTACACAGAATGACAT-ATATTCGTTGTC-ACTGCTGA-ATGTTTACCGC
KM085361	ACGGCTAA--CTACACAGAATGACAT-ATATTCGTTGTC-ACTGCTGA-ATGTTTACCGC
KP693439	-----------TACACAGTATGTCAT-GGATTTATTCTC-ACTACTTAATTGTTTCGCGA
KP693438	CTGGCTAA--CTACACAGAATGGCAT-CACATCGTTATCTGCTGCTAAATTGTTTACCGA
	* * * * * * * * * * * * * * * * * * * *

←ITS2]

KP693437	TTATTA-ACATTTTAGCAGG-GCCTGT-TGACAGCG-----GTCTATA—ATGTCATTTGCAA [783]
KP693436	TTTTAGGACATTTTAGCAGG-GCATGTATAATAACG------TTTATA--ATGTCATTTGCAA
KP693440	TTACTA-ACATATTAGCAGG-GCCTGTATGATAACG------TTGTATA--TTGTCATTTGCAA
KP693443	CTTAGA-ACATTTTAACGGT-GCCTGTATGACAACG-----CTCTATATTGTGTCATTTGCAA
KP693692	CTTTAAAACATTTTGGCAGT-GCATGCATGACAGCG-----TTCTATA--TTGTCATTTGCAA
KP693435	CCATAAA-CATTTTAGCAGT-GCTTGCATAGCAACG-----TTCTATA--TTGTCATTTGTAA
KP693434	CTACTGA-CATTCTAGCAGTAGCCTGTATGACTACG-----TTCTATA--GTGTCATTTGCAA
KP693433	C-ATTAA-CATCTTAGCAGT-GCCTGTATGACAACG-----TTCTATA--TTGCCATTTGCAA
JQ906423	CTATTA-ACATTTCAGCAGT-GCCTGTATGACAACG-----TTCTATA--TTGTCATTTGCAA
JQ906424	CTATTA-ACATTTCAGCAGT-GCCTGTATGACAACG-----TTCTATA--TTGTCATTTGCAA
JQ906421	CTATTA-ACATTTCAGCAGT-GCCTGTATGACAACG-----TTCTATA--TTGTCATTTGCAA
JQ906422	CTATTA-ACATTTCAGCAGT-GCCTGTATGACAACG-----TTCTATA--TTGTCATTTACAA
JQ906420	CTATTA-ACATTTCAGCAGT-GCTTGTATGACAACG-----TTCTATA--TTGTCATTTGCAA
JQ906412	CTATTA-ACATTTCAGCAGT-GCCTGTATGACAACG-----TTTTATA--TTGTCATTTGCAA
JQ906413	CTATTA-ACATTTCAGCAGT-GCCTGTATGACAACG-----TTCTATA--CTGTCATTTGCAA
KP693432	CTATTA-ACATTTCAGCAGT-GCCTGTATGACAACG-----TTCTATA--TTGTCATTTGCAA
KF850629	CTATTA-ACATTTCGAGAGT-GCCTGTATGACAGCG-----TTCTATA--TCGTCATTTGCAA
KF850630	CTATTA-ACATTTCGAGAGT-GCCTGTATGACAGCG-----TTCTATA--TCGTCATTTGCAA
JQ906414	CTACTA-ACATTTCAGCAGT-GCCTGTATGACAACG-----TTCTATA--TTGTCATTTGCAA
JQ906416	CTACTA-ACATTTCAGCAGT-GCCTGTATGACAACG-----TTCTATA--GTGTCATTTGCAA
JQ906415	CTACTA-ACATTTCAGCAGT-GCCTGTATGACAACG-----TTCTATA--TTGTCATTTGCAA
JQ906418	CTACTA-ACATTTCAGCAGT-GCCTGTATGACAACG-----TTCTATA--TTGTCATTTGCAA
JQ906419	CTACTA-ACATTTCAGCAGT-GCCTGTATGACAACG-----TTCTATA--TTGTCATTTGCAA
JQ906409	CTACTA-ACATTTCAACGGA-GACTGTATGACAGCG-----TTCTATA--TTGTCATTTGCAA
JQ906411	CTACTA-ACATTTCAACGGG-GACTGTATGACAGCG-----TTCTATA--TTGTCATTTGCAA
JQ906410	CTACTA-ACATTTCAACGGT-GACTGTATGACAGCG-----TTCTATA--TTGTCATTTGCAA
KP693441	CTACTA-ACATTTTAGCAGT-GCCTGTATGACAGCG-----TTTTATA--TTGTCATTTGCAA

```
KF850627    CTACTA-ACATTTCAGCAGT-GCCTGTATGACAACG-----ATCTATA--TTGTCATTTGCAA
KF850628    CTACTA-ACATTTCAGCAGT-GCCTGTATGACAACG-----ATCTATA--TTGTTATTTGCAA
KF850626    CTACTA-ACATTTCAGCAGT-GCCTGTATGACAACG-----TTCTATA--TTGTCATTTGCAA
KM085357    CTACTA-ACACTTCAGCAGT-GCCTGTATGACAACG-----TTCTATA--TTGTCATTTGCAA
KM085358    CTACTA-ACATTTCAGCAGT-GCCTGTATGACAACG-----TTCTATA--ATGTCATTTGCAA
KM085359    CTACTA-ACATTTCAGCAGT-GCCTGTATGACAACG-----TTCTATA--ATGTCATTTGCAA
JN786950    CTACTA-ACATTTCAGCAGT-GCCTGTATGACAACG-----TTCTATA--TTGTCATTTGCAA
KM085356    CTACTA-ACATTTCAGCAGT-GCCTGTATGACAACG-----TTCTATA--TTGTCATTTGCAA
JN786951    CTACTA-ACATTTCAGCAGT-GCCTGTATGACAACG-----TTCTATA--TTGTCATTTGCAA
JN786947    CTATTA-ACATTTCAGCAGT-GCCTGTATGACAACG-----TTCTATA--TTRTCATTTGCAA
JN786948    CTATTA-ACATTTCAGCAGT-GCCTGTATGACAACG-----TTCTATA--TTRTCATTTGCAA
JN786949    CTACTA-ACATTTCAGCAGT-GCCTGTATGACAACG-----TTCTATA--TTGTCATTTGCAA
JQ906417    CTACTA-ACATTTCAGCAGT-GCCTGTATGACAACG-----TTCTATA--TTGTCATTTGCAA
KP693442    CTCATA-ACAATCTAGCAGT-GCCTGTATGACAACG-----TTCTATA--ATGTCATTTGCAA
KP693431    ATACTA-ACATTTCAACAGT-GCCTCTATGACAACGACGCGTTCTATA--CTGTCATTTGAAA
KM085360    ATACTA-ACATTTCAGCAGT-GCCTGTATGACAACG-----TTCTATA--CTGTCATTTGCAA
KM085361    ATACTA-ACATTTCAGCAGT-GCCTGTATGACAACG-----TTCTATA--ATGTCATTTGCAA
KP693439    CTTATTAACAATTTAGTAGA-GCCTGTCGGAAGA------ATCAAATCTAATGACATTTGCAA
KP693438    CTTATTAACA-TTTAGCAGG-GCCTGTTCGAGGATA----ACGTTGTTCAGTGCTATTTGCAA
            **   *  **  *           *       ****  **
```

图4-1　35种马圆线虫46个个体ITS1+ITS2序列比对图

注:"-"代表缺失位点;"*"代表相同碱基位点;多态位点代码:R=A或G、Y=C或T、S=G或C、W=A或T、K=G或T。

四、系统进化关系

系统进化关系研究的一个主要目的就是通过DNA分子的碱基差异来构建系统发育树,进而阐明不同类群的物种或者物种的不同种群之间的关系[162]。基于ITS1和ITS2的联合数据,以有齿食道口线虫 Oesophagostomum dentatum 为外群,采用最大简约法(maximum parsimony,MP)和邻接法(neighbour-joining,NJ)构建了河南31种马圆线虫的系统进化树(图4-2和图4-3)。在此系统进化树中,无齿圆形线虫和普通圆形线虫聚为一个独立支,位于系统树的基部,其余29种聚为一大支,支持率达到99%。在这个大的分支中,日本三齿线虫和短尾三齿线虫形成姐妹群,又与伊氏双齿口线虫聚为单系群,位于最外支;杯环属的鼻状杯环线虫、辐射杯环线虫、阿氏杯环线虫、细口杯环线虫、艾氏杯环线虫、显形杯环线虫和耳状杯环线虫聚为一个单系群,而盅口属的蝶状盅口线虫和碗形盅口线虫、杯冠属的高氏杯冠线虫、长伞杯冠线虫和小杯杯冠线虫、冠环属的冠状冠环线虫、大唇片冠环线虫和小唇片冠环线虫共8种聚为一个单系群,与杯环属的7种线虫互为姐妹群;真臂副杯口线虫和麦氏副杯口线虫形成的单系群与不等齿杯口线虫和拉氏杯口线虫形成的单系群互为姐妹群,支持率达到

83%；四刺盅口线虫与双冠双冠线虫聚为一支；长形杯环线虫、外射杯环线虫、微小杯冠线虫、头似辐首线虫和杯状彼得洛夫线虫分别单独成为一支。用 NJ 构建的系统进化树与用 MP 构建的系统进化树的拓扑结构基本一致，只是四刺盅口线虫和伊氏双齿口线虫的位置稍有不同，四刺盅口线虫与 7 种杯环属线虫聚在一起；而伊氏双齿口线虫单独成为一支，不过与日本三齿线虫和短尾三齿线虫的亲缘关系较近。

依据形态学特征，马圆线虫被分为两个亚科：一个是口囊呈亚球形或漏斗状的圆线亚科；一个是口囊呈圆柱形或环形的盅口亚科[2]。但是基于 ITS 序列构建的系统进化树，并不支持这样的分类系统。圆线亚科的无齿圆形线虫和普通圆形线虫单独聚为一支，而日本三齿线虫、短尾三齿线虫和伊氏双齿口线虫却与盅口亚科的种类聚在了一起，支持率高达 99%。Hung 等[115]的研究也认为，根据口囊的大小和形状将圆线虫分为两个亚科是不合理的。依据分子特征，盅口亚科一些属或属内种的分类地位也存在争议。例如，长形杯环线虫和外射杯环线虫并未与杯环属其他种类聚在一起，而是单独成为一支，因此认为，两者可能分别代表一个独立的属[115,161]；杯冠属的长伞杯冠线虫和高氏杯冠线虫总是与盅口属的碗形盅口线虫和蝶状盅口线虫聚在一起，而小杯杯冠线虫与冠状冠环线虫的亲缘关系较近，微小杯冠线虫却单独聚为一支，可见，杯冠属种类的分类地位需要重新修订[115]；盅口属的碗形盅口线虫和蝶状盅口线虫总是成对出现，而四刺盅口线虫与它们的亲缘关系却较远；冠环属的大唇片冠环线虫和小唇片冠环线虫聚为姐妹群，而冠状冠环线虫却与小杯杯冠线虫聚为姐妹群；头似辐首线虫和杯状彼得洛夫线虫分别单独成为一支，说明分子数据支持辐首属和彼得洛夫属的有效性[2,16,115]；杯口属与副杯口属形成了姐妹群，说明两个属的亲缘关系较近，同时也支持副杯口属的有效性[2,16,115]。

河南马圆线虫的系统进化关系进一步验证了这个假说：即口囊呈亚球形的大型圆线虫是口囊呈圆柱形的小型圆线虫的祖先，但并不支持把圆线科划分为圆线亚科和盅口亚科。关于盅口亚科内一些属或属内种的分类地位尚需结合形态学和分子生物学特征综合研究确定。

节点处仅显示 50% 以上的支持率；Oede 代表有齿食道口线虫，GenBank 登录号：AJ619979（图 4-2）。

节点处仅显示 50% 以上的支持率；Oede 代表有齿食道口线虫，GenBank 登录号：AJ619979（图 4-3）。

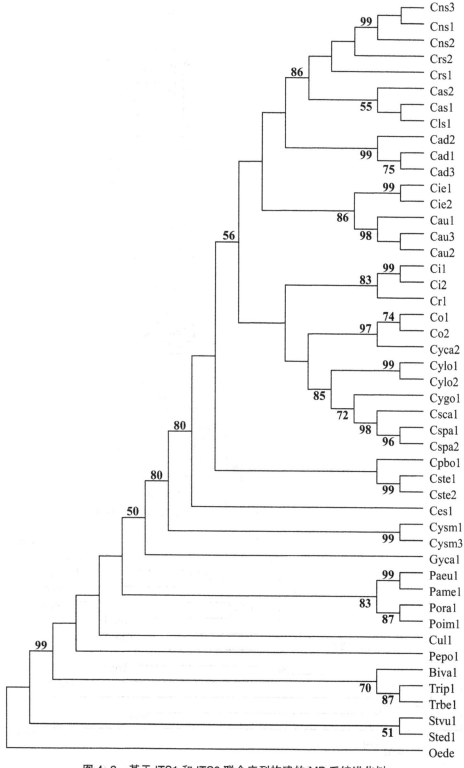

图 4-2 基于 ITS1 和 ITS2 联合序列构建的 MP 系统进化树

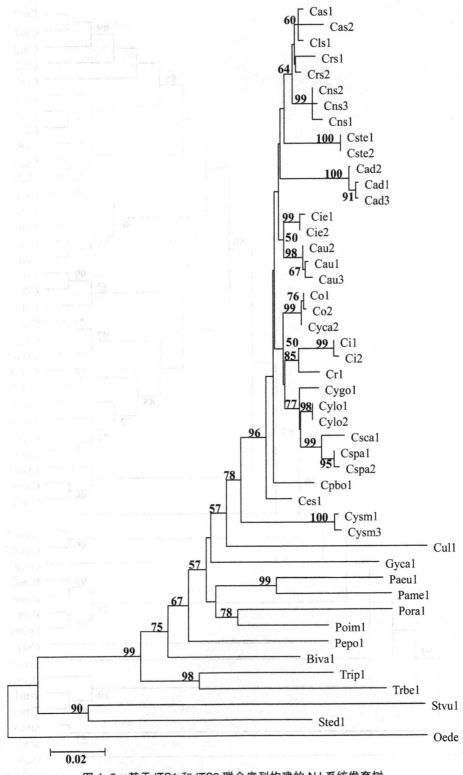

图 4-3 基于 ITS1 和 ITS2 联合序列构建的 NJ 系统发育树

第五章 河南省马圆线虫研究方法

一、线虫标本的采集

在2006~2013年期间，课题组随机调查了河南省漯河、焦作、新乡、安阳、商丘、开封、信阳等地区几个屠宰场36头驴和8匹马的寄生圆线虫感染情况。驴或马被宰杀后，将其大肠纵向剖开，肠壁和肠内容物分别放入不同的容器里。用清水冲洗肠壁，直到把附着在肠壁上的蠕虫全部洗下来为止。洗液静置数分钟后，倒去上清液，将沉淀物与肠内容物混合并搅拌均匀。取大约20%的混合物固定在10%的热福尔马林溶液中[70,71,145]，标明采集的时间和地点，然后带回实验室。从粪便混合物中检出的线虫，体表黏附有一些脏物，先用0.9%的生理盐水冲洗干净，然后放入70℃左右的热水中烫直，将烫直的线虫在凉水中冷却，最后固定保存于70%乙醇中。

二、光镜和扫描电镜观察

1. 光镜观察

固定于70%乙醇中的线虫需要在光镜下逐条进行观察。首先用乳酸苯酚溶液（2份甘油、1份苯酚饱和溶液、1份乳酸、1份水）使虫体透明，然后在光学显微镜下观察、测量、拍照并进行形态学初步鉴定，分类鉴定主要依据Lichtenfels等[2,3]、张路平和孔繁瑶[4,5]提出的分类系统。标本保存于河南师范大学生命科学学院。

光学显微镜下标本的测量项目主要包括体长、体宽、口囊宽度和深度、食道长、神经环距头端的距离、排泄孔距头端的距离、颈乳突距头端的距离、交合刺长、引器长、阴门距肛门的距离、尾长等。

2. 扫描电镜观察

（1）预处理：取保存于70%乙醇溶液中的线虫标本用0.1 mol/L的磷酸盐溶液（pH 7.2）清洗3次，每次15 min→戊二醛（浓度2.5%）溶液固定3 h→用0.1 mol/L磷酸盐缓冲液冲洗3次，每次15 min→锇酸（浓度1%）溶液固定1.5 h→用0.1 mol/L磷酸盐缓冲液冲洗3次，每次15 min→乙醇梯度脱水法脱水：30%、50%、70%、80%、90%、100%（2次），每次脱水时间20 min。

（2）CO_2临界点干燥：临界温度和临界压力分别是31.5 ℃，7.18 MPa。操作程序：样品脱水完成后放入醋酸异戊酯 30 min→样品室预冷（注入液氮）→样品放入样品室→注入液态 CO_2（样品室的 70%）→用 CO_2 置换样品中的醋酸异戊酯（温度调到 20 ℃，压力应达到 4.90~6.86 MPa，保持 20 min）→临界处理，温度调高到 40 ℃，压力应到 7.85~9.81 MPa，保持 5 min→放气，速度在 100~150 mL/min→当压力低于 2.94 MPa 时，切断加热器→压力为 0 MPa 时，取出样品。

(3) 样品粘台：用双面胶或导电胶将样品固定在专用的样品台上。
(4) 喷金（金属镀膜）离子测射金。
(5) S-570 扫描电镜下观察和拍照（工作电压 15 kV）。

三、生态学统计方法

从 2006 年 2 月到 2007 年 1 月，随机调查了河南省几个地区屠宰场 34 头驴肠道寄生圆线虫的感染情况（21 头母驴和 13 头公驴），平均每个月检查 2~3 头，并详细记录每头驴寄生圆线虫的种类和数量。所得数据运用 Statistica 5.0、EXCEL 和 SPSS 软件进行统计和分析。主要统计每种圆线虫的感染率、感染强度、平均感染强度、平均丰度以及季节分布和变化等。

寄生虫的生态学术语主要参考 Margolis 等[163]和 Bush 等[164]文献。具体定义如下：

感染率（Prevalence）：指感染某种寄生虫的宿主数量占所检查宿主总数量的百分率，也被称为流行率。

丰度（Abundance）：指被检查的每个宿主感染某种寄生虫的数量，包括没有感染的宿主，数值可以为 0。

平均丰度（Mean abundance）：指感染宿主的某种寄生虫总数与所检查宿主总数量之比，数值不能为 0。

感染强度（Intensity）：指被感染的宿主体内某种寄生虫的数量，不包括没有感染的宿主。

平均感染强度（Mean intensity）：指感染宿主的某种寄生虫总数与感染该寄生虫的宿主总数的比值。

根据寄生虫在宿主中的感染率，可以将它们划分为核心种（Central）、次要种（Secondary）和卫星种（Satellite）。寄生虫在宿主中的感染率大于 2/3 的为核心种，感染率大于 1/3 小于 2/3 的为次要种，感染率小于 1/3 的为卫星种[165]。

四、分子生物学研究方法

1. **虫体样本**

研究所用的 31 种圆线虫样本均采自河南省内的马或驴大肠内（表 2-1、表 4-1）。

2. **主要溶液的配置**

缓冲液和其他溶液的配方按《分子克隆实验指南》（第 3 版）介绍的方法进行（J. 萨姆布鲁克，D. W. 拉塞尔著，2002）：

(1) 1 mol/L Tris-Cl（pH8.0）

Tris 碱	121.1 g
去离子水	800 mL
浓盐酸	42 mL

将溶液定容至 1L。

(2) 10×TBE 贮存液（pH8.3）

Tris	108 g
硼酸	55 g
$Na_2EDTA \cdot 2H_2O$（0.5 mol/L）	7.44 g

向烧杯中加入约 800 mL 的去离子水，充分搅拌溶解，加去离子水将溶液定容至 1L。

(3) SDS 裂解液

500 mmol/L NaCl	60 μL
100 mmol/L Tris-Cl（pH 8.0）	30 μL
50 mmol/L EDTA（pH 8.0）	50 μL
10% SDS	30 μL

3. **总 DNA 的提取**

选取保存于 70%乙醇中的成虫标本，先用蒸馏水冲洗 3 h，中间换水 5~6 次，然后把头和尾切掉重新放入 70%乙醇中，以备与分子鉴定结果核对。将剩余的中段部分分别置于一个干净的 1.5 mL 离心管中，加入 270 μL SDS 裂解缓冲液和 30 μL（50 μg/μL）蛋白酶 K（何芳等，2005）。混匀后，放于 37℃恒温培养箱中消化 12~24 h，其间不断摇动离心管，使虫体组织充分裂解。

消化好的虫体悬液按 WizardTM DNA Clean-Up System 试剂盒使用说明进行虫体 DNA 提取。具体方法和步骤如下：

(1) 取出已消化好的虫体悬液，置于旋涡振荡器上振荡混匀，10 000 r/min 离心 2 min，然后将上清液移至一个新的离心管内，加入 1 mL 抽提树脂，旋涡振荡混匀。

(2) 取一只 5 mL 的一次性注射器，去针头，拔出注射器活塞，接上 WizardTM 微型柱。

(3) 将混匀的 DNA-树脂混合液全部倒入注射器中，用注射器活塞慢慢地将混合液推过微型柱,排出废液。

(4) 将注射器从微型柱上拔掉,抽出活塞,再接上微型柱,然后向注射器内加入 2 mL 柱洗溶液(80%的异丙醇),慢慢推动活塞洗涤 DNA-树脂。

(5) 拔去注射器,将微型柱套在洁净的离心管上,10 000 r/min 离心 20 s,除去残留的异丙醇。

(6) 将微型柱移到一个新的离心管上,在柱中央加入 30 μL 预热(60~70 ℃)的双蒸水,大约 1 min 后 DNA 即溶于水中,10 000 r/min 离心 20 s。

(7) 移去微型柱,回收洗脱液,将离心管内的虫体 DNA 样品分装后,于 -20 ℃ 冰箱保存备用。

4. ITS 序列的 PCR 扩增

研究应用了扩增寄生线虫 ITS 及 5.8S 序列的一对保守引物(Hung et al., 1999a):

NC5(正向引物):5′-GTAGGTGAACCTGCGAAGGATCATT-3′

NC2(反向引物):5′-TTAGTTTCTTTTCCTCCGCT-3′

引物由生工生物工程(上海)股份有限公司合成。

PCR 扩增体系为 25 μL,其中 ddH_2O 14.75 μL、10×Buffer 2.5 μL、$MgCl_2$(25mmol/L)3.5 μL、dNTP(25mmol/L)2.0 μL、正向引物 NC5(50 pmol/μL)0.5 μL、反向引物 NC2(50 pmol/μL)0.5 μL、Taq 酶 0.25 μL、模板 DNA 1 μL。反应条件为:94 ℃ 预变性 5 min,之后 94 ℃ 变性 30 s,52 ℃ 退火 30 s,72 ℃ 延伸 1.5 min,循环 30 次,最后 72 ℃ 延伸 7min。同时设不加 DNA 模板的空白对照。

5. PCR 产物的纯化回收

PCR 扩增产物经 1% 琼脂糖凝胶电泳,于紫外透射仪中观察,并于凝胶成像系统中拍照。然后在紫外灯下将含有目的 DNA 片段的凝胶切下来,用 UNIQ-10 柱式 DNA 胶回收试剂盒纯化回收。

6. DNA 序列测定与分析

纯化回收的 PCR 产物在生工生物工程(上海)股份有限公司的 ABI PRISM 3730 全自动测序仪上进行序列测定。为确保所测定序列的准确性,每个样品均进行正反链的双向测序。测序结果用 Clustal X 1.83 软件进行比对,必要时用手工排序。运用 MEGA 5.05 软件统计序列的长度、碱基组成、变异位点、保守位点、简约信息位点以及种内和种间差异性。

7. 系统发育树的构建

运用 MEGA 5.05 软件,分别采用最大简约法(maximum parsimony, MP)和邻接法(neighbour-joining, NJ)构建系统发育树,系统树各分支的自举检验值(bootstrap)由 1 000 次重复检验获得。在最大简约法的运算中,所有位点都被包括在内;在邻接法中,缺位(gaps)在两两比对时被删除。

主要参考文献

[1] LICHTENFELS J R, GIBBONS L M, KRECEK R C. Recommended terminology and advances in the systematics of the Cyathostominea (Nematoda: Strongyloidea) of horses [J]. Vet. Parasitol., 2002, 107: 337-342.

[2] LICHTENFELS J R, KHARCHENKO V A, DVOJNOS G M. Illustrated identification keys to strongylid parasites (Strongylidae: Nematoda) of horses, zebras and asses (Equidae) [J]. Vet. Parasitol., 2008, 156: 4-161.

[3] LICHTENFELS J R, KHARCHENKO V A, KRECEK R C, et al. Anannotated checklist by genus and species of 93 species level names for 51 recognised species of small strongyles (Nematoda, Strongyloidea, Cyathostominea) of horses, asses and zebras of the world [J]. Vet. Parasitol., 1998, 79: 65-79.

[4] 张路平, 孔繁瑶. 盅口族线虫分类系统评述(线虫纲: 圆线科) [J]. 动物分类学报, 2002, 27 (3): 435-446.

[5] 张路平, 孔繁瑶. 马属动物的寄生线虫 [M]. 北京: 中国农业出版社, 2002.

[6] GASSER R B, HUNG G-C, CHILTON N B, et al. Advances in developing molecular-diagnostic tools for strongyloid nematodes of equids: fundamental and applied implications [J]. Mol. Cell. Probes., 2004, 18: 3-16.

[7] MOLIN R. Prodromusfaunae helminthologicae Veetae adjectis disquisition ibusanatomicus et criticis [J]. Denkschr. Agad. Wissenschaft Wien. Math. Naturw., 1861, Abt. 2, 19: 189-338.

[8] LOOSS A. Notizen zur Helminthologie Egyptens Ⅲ. Die Sclerostomen der Pferde und Esel in Egypten [J]. Zbl. Bact. Parasitenk., 1900, 1. Abt. Orig. 27, 150-160, 184-192.

[9] LOOSS A. The Sclerostomidae of horses and donkeys in Egypt [J]. Rec. Egypt Govt. School Med., 1902, 25-139.

[10] IHLE J E W. The adult strongylids inhabiting the large intestine of the horse [J]. Rep. Com. Sclerostomiasis onderz. Nederland, I. Zool. Gedeel., 1922, 1. Stuk. 1-118, figs. 1-131.

[11] CRAM E B. A new nematode, Cylindropharynx ornata, from the zebra, with keys to related nematode parasites of the Equidae [J]. J. Agric. Res., 1924, 28: 661-672.

[12] ERSCHOW V S. Differential diagnosis of nematodes of the genus Trichonema found in horses [J]. Tr. Kirov. Zoovet. Inst., 1943, 5: 61-86.

[13] MCINTOSH A. The generic and trivial names of the species of nematodes parasitic in the large intestine of equines, commonly known from 1831-1900 as *Strongylus tetracanthum* Mehlis, 1831 [J]. Proc. Helminthol. Soc. Wash., 1951, 18: 29-35.

[14] 孔繁瑶. 盅口属 *Cyathostomum* Molin, 1861 sensu lato (线虫纲 Nematoda: 毛线科 Trichonematidae) 的分类修订. [J]. 畜牧兽医学报, 1964, 7 (3): 215-220.

[15] LICHTENFELS J R. Helminths of domestic equids [J]. Proc. Helminthol. Soc. Wash., 1975, 42 (Special issue): 1-92.

[16] HARTWICH G. Zum Strongylus tetracanthus-Problem und zur Systematik der Cyathostominea (Nematode: Strongyloidea) [J]. Mitt. Zool. Mus. Berl., 1986, 62: 61-102.

[17] OGBOURNE C P. Observations on the free-living stages of strongylid nematodes of the horse [J]. Parasitology, 1972, 64: 461-477.

[18] MFITILODZE M W, HUTCHINSON G W. Development of free-living stages of equine strongyles in faeces on pasture in a tropical environment [J]. Vet. Parasitol., 1988, 26: 285-296.

[19] COUTO M C M, QUINELARO S, SOUZA T M. Development and migration of cyathostome infective larvae (Nematoda: Cyathostominae) in bermuda grass (Cynodon dactylon) in tropical climate, in Baixada Fluminense, RJ, Brazil [J]. Rev. Bras. Parasitol. Vet., 2009, 18: 231-237.

[20] ENGLISH A W. The epidemiology of equine strongylosis in southern Queensland I. The bionomics of the free-living stages in faeces and on pasture [J]. Aust. Vet. J., 1979, 55: 299-304.

[21] CRAIG T M, BOWEN J M, LUDWIG K G. Transmission of equine cyathostomes (Strongylidae) in central Texas [J]. Am. J. Vet. Res., 1983, 44: 1867-1869.

[22] POYNTER D. Second ecdysis of infective nematode larvae parasitic in the horse [J]. Nature, 1954, 173: 781.

[23] OGBOURNE C P, DUNCAN J L. Strongylus vulgaris in the horse: its biology and veterinary importance [M]. England: Commonwealth Agricultural Bureaux, 1985.

[24] RUPASINGHE D. In vitro exsheathment of infective larvae of horse strongylid nematodes [C]. Proceedings of the Second European Multicolloquy of Parasitology Yugoslavia, 1978, 167-172.

[25] OGBOURNE C P. Pathogenesis of cyathostome (Trichonema) infection of the horse. A review [M]. England: Commonwealth Institution of Helminthology, 1978.

[26] MALAN F S, de VOS V, REINEKE R K, Pletcher J M. Studies on Strongylus asini I. Experimental infestation of equines [J]. Onderstepoort J. Vet. Res., 1982, 49: 151-153.

[27] MCCRAW B M, SLOCOMBE J O D. *Strongylus equinus*: development and pathological effects in the equine host [J]. Can. J. Comp. Med., 1985, 49: 372-383.

[28] KIKUCHI K. Beitrag zur Pathologie der durch Sklerostomum vulgare verursachten Veränderungen des Pferdes [J]. Z Infektionskr Parasit Kr Hyg Haustiere, 1928, 34:

193-237.

[29] GEORGI J R. The Kikuchi-Enigk model of Strongylus vulgaris migrations in the horse [J]. Cornell Vet., 1973, 63: 220-263.

[30] DRUDGE J H, LYONS E T, SZANTO J. Pathogenesis of migrating stages of helminths with special reference to Strongylus vulgaris. In: Soulsby E J L, editor. Biology of Parasites [C]. New York: Academic Press, 1966, 199-214.

[31] DUNCAN J L. The life cycle, pathogenesis and epidemiology of Strongylus vulgaris in the horse [J]. Equine Vet. J., 1973, 5: 20-25.

[32] MCCRAW B M, SLOCOMBE J O D. Early development of and pathology associated with Strongylus edentates [J]. Can. J. Comp. Med., 1974, 38: 124-138.

[33] DVOJNOS G M, KHARCHENKO V A. Morphology and differential diagnostics of parasitic larvae of some Strongylidae (Nematoda) of horses [J]. Angew. Parasitol., 1990, 31: 15-28.

[34] ROUND M C. The prepatent period of some horse nematodes determined by experimental infection [J]. J. Helminthol., 1969, 43: 185-192.

[35] LOVE S, DUNCAN J L. The development of naturally acquired cyathostome infection in ponies [J]. Vet. Parasitol., 1992, 44: 127-142.

[36] GIBSON T E. The effect of repeated anthelmintic treatment with phenothiazine on the faecal egg counts of housed horses, with some observations on the life cycle of Trichonema spp. in the horse [J]. J. Helminthol., 1953, 27: 29-40.

[37] UHLINGER C A. Equine small strongyles: epidemiology, pathology, and control [J]. Compend. Contin. Educ. Practic. Vet., 1991, 13: 863-869.

[38] MAIR T S. Outbreak of larval cyathostomiasis among a group of yearling and two-year-old horses [J]. Vet. Rec., 1994, 135: 598-600.

[39] LOVE S, MURPHY D, MELLOR D. Pathogenicity of cyathostome infection [J]. Vet. Parasitol., 1999, 85: 113-121.

[40] OGBOURNE C P. Epidemiological studies on horses infected with nematodes of the family Trichonematidae (Witenberg, 1925) [J]. Int. J. Parasitol., 1975, 5: 667-672.

[41] REINEMEYER C R. Small strongyles: recent advances [J]. Vet. Clin. North Am: Equine Pract., 1986, 2: 281-312.

[42] OGBOURNE C P. The prevalence, relative abundance and site distribution of nematodes of the subfamily Cyathostominae in horses killed in Britain [J]. J. Helminthol., 1976, 50: 203-214.

[43] BUCKNELL D G, GASSER R B, BEVERIDGE I. The prevalence and epidemiology of gastrointestinal parasites of horses in Victoria, Australia [J]. Int. J. Parasitol., 1995, 25: 711-724.

[44] KRECEK R C, REINECKE R K, Horak I G, et al. Internal parasites of horses on mixed grassveld and bushveld in Transvaal, Republic of South Africa [J]. Vet. Parasi-

tol., 1989, 34: 135-144.

[45] GAWOR J J. The prevalence and abundance of internal parasites in working horses autopsied in Poland [J]. Vet. Parasitol., 1995, 58: 99-108.

[46] COLLOBERT-LAUGIER C, HOSTE H, SEVIN C, et al. Prevalence, abundance and site distribution of equine small strongyles in Normandy, France [J]. Vet. Parasitol., 2002, 110: 77-83.

[47] MATTHEE S, KRECEK R C, MILNE S A. Prevalence and biodiversity of helminth parasites in donkeys from South Africa [J]. Vet. Parasitol., 2000, 86: 756-762.

[48] MFITILODZE M W, HUTCHINSON G W. The site distribution of adult strongyle parasites in the large intestines of horses in tropical Australia [J]. Int. J. Parasitol., 1985, 15: 313-319.

[49] DOS SANTOS C N, DE SOUZA L S, QUINELATO S B, et al. Seasonal dynamics of cyathostomin (Nematoda - Cyathostominae) infective larvae in Brachiaria humidicola grass in tropical southeast Brazil [J]. Vet. Parasitol., 2011, 180: 274-278.

[50] ANDERSEN U V, REINEMEYER C R, PRADO J C, et al. Effects of daily pyrantel tartrate on strongylid population dynamics and performance parameters of young horses repeatedly infected with cyathostomins and Strongylus vulgaris [J]. Vet. Parasitol., 2014, 204: 229-237.

[51] REINEMEYER C R, SMITH S A, GABEL A A, et al. The prevalence and intensity of internal parasites of horses in the USA [J]. Vet. Parasitol., 1984, 15: 75-83.

[52] LYONS E T, TOLLIVER S C, COLLINS S S, et al. Transmission of some species of internal parasites in horses born in 1993, 1994 and 1995 on the same pasture on a farm in central Kentucky [J]. Vet. Parasitol., 1997, 70: 225-240.

[53] LOVE S, ESCALA J, DUNCAN J L, et al. Studies on the pathogenic effects of experimental cyathostome infections in ponies. Equine Infectious Diseases VI: Proceedings of the Sixth International Conference [C]. UK: Cambridge, 1991, 149-155.

[54] LYONS E T, TOLLIVER S C, DRUDGE J H, et al. A study (1977-1992) of population dynamics of endoparasites featuring benzimidazole-resistant small strongyles (population S) in Shetland ponies [J]. Vet. Parasitol., 1996, 66: 75-86.

[55] THAMSBORG S M, LEIFSSON P S, GRØNDAHL C, et al. Impact of mixed strongyle infections in foals after one month on pasture [J]. Equine Vet. J., 1998, 30: 240-245.

[56] ARUNDEL J H. Parasitic Diseases of the Horse [M]. Sydney: The University of Sydney, 1985.

[57] HODGKINSON J E, FREEMAN K L, MAIR T S, et al. Development of a PCR-ELISA for identification of cyathostomin fourth stage larvae obtained from the diarrhoea of cases of larval cyathostominosis [J]. Int. J. Parasitol., 2003, 33: 1427-1435.

[58] SLOCOMBE J O D. Pathogenesis of helminths in equines [J]. Vet. Parasitol., 1985,

18: 139-153.

[59] MURPHY D, LOVE S. The pathogenic effects of experimental cyathostome infections in ponies [J]. Vet. Parasitol., 1997, 70: 99-110.

[60] CAO X, VIDYASHANKAR A N, NIELSEN M K. A ssociation between large strongyle genera in larval cultures-using rare-event poisson regression [J]. Parasitology, 2013, 140 (10): 1246-1251.

[61] REINEMEYER C R, PRADO J C, ANDERSEN, U V, et al. Effects of daily pyrantel tartrate on strongylid population dynamics and performance parameters of young horses repeatedly infected with cyathostomins and *Strongylus vulgaris* [J]. Vet. Parasitol., 2014, 204: 229-237.

[62] LYONS E T, TOLLIVER S C, DRUDGE J H. Historical perspective of cyathostomes: prevalence, treatment and control programs [J]. Vet. Parasitol., 1999, 85: 97-111.

[63] BRIANTI E, GIANNETTO S, TRAVERSA D, et al. In vitro development of cyathostomin larvae from the third stage larvae to the fourth stage: morphologic characterization, effects of refrigeration, and species-specific patterns [J]. Vet. Parasitol., 2009, 163: 348-356.

[64] KHARCHENKO V A, KUZMINA T A. Morphology and diagnosis of the fourth-stage larva of Coronocyclus labratus (Looss, 1900) (Nematoda: Strongyloidea) parasitising equids [J]. Syst. Parasitol., 2010, 77: 29-34.

[65] CIRAK V Y, HERMOSILLA C, BAUER C. Study on the gastrointestinal parasite fauna of ponies in northern Germany [J]. Appl. Parasitol., 1996, 37: 239-244.

[66] HINNEY B, WIRTHERLE N C, KYULE M, et al. Prevalence of helminths in horses in the state of Brandenburg, Germany [J]. Parasitol. Res., 2011, 108: 1083-1091.

[67] SLIVINSKA K, GAWOR J, JAWORSKI Z. Gastro-intestinal parasites in yearlings of wild Polish primitive horses from the Popielno Forest Reserve, Poland [J]. Helminthologia, 2009, 46: 9-13.

[68] KORNAS S, BASIAGA M, KHARCHENKO V. Composition of the cyathostomin species in horses with a special focus on Cylicocyclus brevicapsulatus [J]. Med. Weter., 2011, 67: 48-50.

[69] MFITILODZE M W, HUTCHINSON G W. Prevalence and abundance of equine strongyles (Nematoda: Strongyloidea) in tropical Australia [J]. J. Parasitol., 1990, 76: 487-494.

[70] ANJOS D H S, RODRIGUES M L A. Structure of the community of stongyloid nematodes in the dorsal colon of Equus caballus in the state of Rio de Janeiro [J]. Vet. Parasitol., 2003, 112: 109-116.

[71] ANJOS D H S, RODRIGUES M L. Diversity of the infracommunities of strongylid nematodes in the ventral colon of Equus caballus from Rio de Janeiro state, Brazil [J]. Vet. Parasitol., 2006, 136: 251-257.

[72] BU Y Z, NIU H X, GASSER R B, et al. Strongyloid nematodes in the caeca of donkeys in Henan Province, China [J]. Acta Parasitol., 2009, 54 (3): 263-268.

[73] KLEI T R, FRENCH D D. Small strongyles: an emerging parasite problem for horses [J]. Vet. Clin. North Am: Equine Pract., 1998, 20: 26-30.

[74] SCHLEUNIGER P N, Frey C F, GOTTSTEIN B, et al. Resistance against strongylid nematodes in two high prevalence Equine Recurrent Airway Obstruction families has a genetic basis [J]. Pferdeheilkunde, 2011, 27: 664-669.

[75] HERD R P. Epidemiology and control of parasites in northern temperate regions [J]. Vet. Clin. North Am: Equine Pract., 1986, 2: 337-356.

[76] HUTCHINSON G W, ABBA S A, MFITILODZE M W. Seasonal translation of equine strongyle infective larvae to herbage in tropical Australia [J]. Vet. Parasitol., 1989, 33: 251-264.

[77] KLEI T R. Recent observations on the epidemiology, pathogenesis and immunology of equine helminth infections. Equine Infectious Diseases VI: Proceedings of the Sixth International Conference [C]. UK: Cambridge, 1991, 129-136.

[78] REID S W, MAIR T S, HILLYER M H, et al. Epidemiological risk factors associated with a diagnosis of clinical cyathostomiasis in the horse [J]. Equine Vet. J., 1995, 27: 127-130.

[79] CHAPMAN M R, FRENCH D D, KLEI T R. Prevalence of strongyle nematodes in naturally infected ponies of different ages and during different seasons of the year in Louisiana [J]. J. Parasitol., 2003, 89: 309-314.

[80] HERD R P. A 10-point plan for equine worm control [J]. Vet. Med., 1995, 90: 481-485.

[81] LOVE S, MCKEAND J B. Cyathostomosis: practical issue of treatment and control [J]. Equine Vet. Educ., 1997, 9: 253-256.

[82] JAGLA E, JODKOWSKA E, POPIOLEK M, et al. Alternative methods for the control of gastrointestinal parasites in horses with a special focus on nematode predatory fungi: A review [J]. Ann. Anim. Sci., 2013, 13: 217-227.

[83] SLOCOMBE J O D. Anthelmintic resistance in strongyles of equids. Equine Infectious Diseases VI: Proceedings of the Sixth International Conference [C]. UK: Cambridge, 1991, 137-143.

[84] HERD R P. Performing equine fecal egg counts [J]. Vet. Med., 1992, 87: 240-244.

[85] BISHOP R M, SCOTT I, GEE E K, et al. Sub-optimal efficacy of ivermectin against Parascaris equorum in foals on three Thoroughbred stud farms in the Manawatu region of New Zealand [J]. New Zeal. Vet. J., 2014, 62: 91-95.

[86] POOK J F, POWER M L, Sangster N C, et al. Evaluation of tests for anthelmintic resistance in cyathostomes [J]. Vet. Parasitol., 2002, 106: 331-343.

[87] CHAPMAN M R, FRENCH D D, MONAHAN C M, et al. Identification and characterisation of a pyrantel pamoate resistant cyathostome population [J]. Vet. Parasitol.,

1996, 66: 205-212.

[88] XIAO L, HERD R P, MAJEWSKI G A, et al. Comparative efficacy of moxidectin and ivermectin against hypobiotic and encysted cyathostomes and other equine parasites [J]. Vet. Parasitol., 1994, 53: 83-90.

[89] MONAHAN C M, CHAPMAN M R, TAYLOR H W, et al. Comparison of moxidectin oral gel and ivermectin oral paste against a spectrum of internal parasites of ponies with special attention to encysted cyathostome larvae [J]. Vet. Parasitol., 1996, 63: 225-235.

[90] EYSKER M, BOERSEMA J H, GRINWIS G C M, et al. Controlled dose confirmation study of a 2% moxidectin equine gel against equine internal parasites in the Netherlands [J]. Vet. Parasitol., 1997, 70: 165-173.

[91] BOERSEMA J H, EYSKER M, CANDERAAR W M, et al. The reappearance of strongyle eggs in the faeces of horses after treatment with moxidectin [J]. Vet. Quart., 1998, 20: 15-17.

[92] DIPIETRO J A, HUTCHENS D E, Lock T F, et al. Clinical trial of moxidectin oral gel in horses [J]. Vet. Parasitol., 1997, 72: 167-177.

[93] SHOOP W L. Ivermectin resistance [J]. Parasitol. Today, 1993, 9: 154-159.

[94] CRAVEN J, BJØRN H, HENRIKSEN S A, et al. Survey of anthelmintic resistance on Danish horse farms, using 5 different methods of calculating faecal egg count reduction [J]. Equine Vet. J., 1998, 30: 289-293.

[95] HERD R P, COLES G C. Slowing the spread of anthelmintic resistant nematodes of horses in the United Kingdom [J]. Vet. Rec., 1995, 136: 481-485.

[96] LITTLE D, FLOWERS J R, HAMMERBERG B H, et al. Management of drug-resistant cyathostominosis on a breeding farm in central North Carolina [J]. Equine Vet. J., 2003, 35: 246-251.

[97] BIRD J, LARSEN M, NANSEN P, et al. Dung-derived biological agents associated with reduced numbers of infective larvae of equine strongyles in faecal cultures [J]. J. Helminthol., 1998, 72: 21-26.

[98] SILVINA F A, HENNINGSEN E, LARSEN M, et al. A new isolate of the nematophagous fungus Duddingtonia flagrans a biological control agent against free-living larvae of horse strongyles [J]. Equine Vet. J., 1999, 31: 488-491.

[99] PAZ-SILVA A, FRANCISCO I, VALERO-COSS R O, et al. Ability of the fungus Duddingtonia flagrans to adapt to the cyathostomin egg-output by spreading chlamydospores [J]. Vet. Parasitol., 2011, 179: 1-3.

[100] KLEI T R. Immunity and potential of vaccination [J]. Vet. Clin. North Am: Equine Pract., 1986, 2: 395-402.

[101] KLEI T R, FRENCH D D, CHAPMAN M R, et al. Protection of yearling ponies against *Strongylus vulgaris* by foalhood vaccination [J]. Equine Vet. J., 1989, 7 (Supplement): 2-7.

[102] HUNG G C, GASSER R B, BEVERIDGE I, et al. Species-specific amplification by PCR of ribosomal DNA from some equine strongyles [J]. Parasitology, 1999, 119: 69-80.

[103] LICHTENFELS J R, KHARCHENKO V A, KUZMINA T A, et al. Differentiation of Cylicocyclus gyalocephaloides of Equus burchelli from Cylicocyclus insigne of Equus caballus (Strongyloidea: Nematoda) [J]. Comp. Parasitol., 2005, 72 (1): 108-115.

[104] CAMPBELL A J, GASSER R B, CHILTON N B. Differences in a ribosomal DNA sequence of Strongylus species allows identification of single eggs [J]. Int. J. Parasitol., 1995, 25: 359-365.

[105] GASSER R B, STEVENSON L A, CHILTON N B, et al. Species markers for equine strongyles detected in intergenic rDNA by PCR-RFLP [J]. Mol. Cell. Probes., 1996, 10: 371-378.

[106] HUNG G C, JACOBS D E, KRECEK R S, et al. *Strongylus asini* (Nematoda, Strongyloidea): genetic relationships with other Strongylus species determined by ribosomal DNA [J]. Int. J. Parasitol., 1996, 26: 1407-1411.

[107] GASSER R B, MONTI J R. Identification of parasitic nematodes by PCR-SSCP of ITS-2 rDNA [J]. Mol. Cell. Probes., 1997, 11: 201-209.

[108] HUNG G C, CHILTON N B, BEVERIDGE I, et al. Molecular delineation of Cylicocyclus nassatus and C. ashworthi (Nematoda: Strongylidae) [J]. Int. J. Parasitol., 1997, 27: 601-605.

[109] HUNG G C, CHILTON N B, BEVERIDGE I, et al. Molecular evidence for cryptic species within Cylicostephanus minutus (Nematoda: Strongylidae) [J]. Int. J. Parasitol., 1999, 29: 285-291.

[110] ELDER J F, TURNER B J. Concerted evolution of repetitive DNA sequences in eukaryotes [J]. Quart. Rev. Biol., 1995, 70: 297-320.

[111] VERWEIJ J, POLDERMAN A M, WIMMENHOVE M C, et al. PCR assay for the specific amplification of Oesophagostomum bifurcum DNA from human faeces [J]. Int. J. Parasitol., 2000, 30: 137-142.

[112] VERWEIJ J J, PIT D S S, van LIESHOUT L, et al. Determining the prevalence of Oesophagostomum bifurcum and Necator americanus infections using specific PCR amplification of DNA from faecal samples [J]. Trop. Med. Int. Health, 2001, 6: 726-731.

[113] KAYE J N, LOVE S, LICHTENFELS J R, et al. Comparative sequence analysis of the intergenic spacer region of cyathostome species [J]. Int. J. Parasitol., 1998, 28: 831-836.

[114] HODGKINSON J E, LOVE S, LICHTENFELS J R, et al. Evaluation of the specificity of five oligoprobes for identification of cyathostomin species from horses [J]. Int. J. Parasitol., 2001, 31: 197-204.

[115] HUNG G C, CHILTON N B, BEVERIDGE I, et al. Molecular systematic framework for equine strongyles based on DNA sequence data [J]. Int. J. Parasitol., 2000, 30: 95-103.

[116] MCDONNELL A, LOVE S, TAIT A, et al. Phylogenetic analysis of partial mitochon-

drial cytochrome oxidase c subunit I and large ribosomal RNA sequences and nuclear internal transcribed spacer 1 sequences from species of Cyathostominae and Strongylinae (Nematoda, Order Strongylida), parasites of the horse [J]. Parasitology, 2000, 121: 649-659.

[117] HUNG G C, CHILTON N B, BEVERIDGE I, et al. Secondary structure model for the ITS-2 precursor rRNA of strongyloid nematodes of equids: implications for phylogenetic inference [J]. Int. J. Parasitol., 1999, 29: 1949-1964.

[118] KJER K M. Use of rRNA secondary structure in phylogenetic studies to identify homologous positions: an example of alignment and data presentation from the frogs [J]. Mol. Phylogenet. Evol., 1995, 4: 314-330.

[119] HICKSON R E, SIMON C, COOPER A, et al. Conserved sequence motifs, alignment and secondary structure for the third domain of animal 12S rRNA [J]. Mol. Biol. Evol., 1996, 13: 150-169.

[120] GIVNISH T J, SYTSMA K J. Consistency, characters, and the likelihood of correct phylogenetic inference [J]. Mol. Phylogenet. Evol., 1997, 7: 320-330.

[121] LICHTENFELS J R. Phylogenetic inference from adult morphology in the Nematodawith; with emphasis on the bursate nematodes, the Strongylida; advancements (1982-1985) and recommendations for further work [C]. Proceedings of the Sixth International Congress of Parasitology, 1987, 269-279.

[122] BEVERIDGE I. The systematic status of Australian Strongyloidea (Nematoda) [J]. Bull. Mus. Nat. Hist. natur., 1987, 9: 107-126.

[123] DURETTE-DESSET M C, BEVERIDGE I, SPRATT D M. The origins and evolutionary expansion of the Strongylida (Nematoda) [J]. Int. J. Parasitol., 1994, 24: 1139-1165.

[124] ADAMSON M L. Modes of transmission and evolution of life histories in zooparasitic nematodes [J]. Can. J. Zool., 1986, 64: 1375-1384.

[125] CLARK W C. Origins of the parasite habit in the Nematoda [J]. Int. J. Parasitol., 1994, 24: 1117-1129.

[126] SUKHDEO S C, Sukhdeo M, Black M B, et al. The evolution of tissue migration in parasitic nematodes (Nematoda, Strongylida) inferred from a protein-coding mitochondrial gene [J]. Biol. J. Linn. Soc., 1997, 61: 281-298.

[127] OLIVEIRA C L, SILVA A V M, SANTOS H A, et al. Cyathostominae parasites to *Equus asinus* in some Brazilian States [J]. Arq. Bras. Med. Vet. Zootec., 1994, 46: 51-63.

[128] MATTHEE S, KRECEK R C, GIBBONS L M. *Cylicocyclus asini* n. sp. (Nematoda: Cyathostominae) from donkeys *Equus asinus* in South Africa [J]. Syst. Parasitol., 2002, 51: 29-35.

[129] 孔繁瑶, 叶其恩, 刘桂英. 寄生于北京地区的驴的圆形线虫报告 [J]. 动物学

报，1959，11（1）：29-41.

[130] 孔繁瑶，杨年合. 寄生于北京地区的驴的圆形线虫报告. 包括一新种的叙述[J]. 动物学报，1963，15（1）：61-70.

[131] 孔繁瑶，杨年合. 寄生于北京地区的驴的圆形线虫报告. 一新种的叙述[J]. 动物学报，1964，16（3）：393-397.

[132] 周婉丽. 四川省马、驴、骡寄生虫调查[J]. 中国兽医科技，1990，（5）：14-17.

[133] 张宝祥，李贵. 马、驴寄生线虫一新种[J]. 畜牧兽医学报，1981，12（3）：193-198.

[134] 甘永祥，王淑如，洪延范，等. 河南省畜禽寄生虫名录[J]. 河南畜牧兽医，1984，（S1）：20-61.

[135] 卜艳珍，崔长海，张路平. 河南省驴寄生圆线虫的种类记述——盅口属 Cyathostomum[J]. 河南农业科学，2009，6：131-134.

[136] 卜艳珍，崔长海，张路平. 河南省驴寄生圆线虫的种类记述——杯环属 Cylicocyclus（Ⅰ）[J]. 河南农业科学，2009，11：126-129.

[137] 卜艳珍，崔长海，张路平. 河南省驴寄生圆线虫的种类记述——杯环属 Cylicocyclus（Ⅱ）[J]. 河南农业科学，2009，12：140-143.

[138] 卜艳珍，王艳梅，张学成. 河南省驴寄生圆线虫的种类记述——冠环属 Coronocyclus[J]. 河南师范大学学报（自然科学版），2009，37（6）：112-115.

[139] 卜艳珍，勾利美，张路平. 河南省驴寄生圆线虫的种类记述——杯冠属 Cylicostephanus[J]. 河南农业科学，2010，11：116-119.

[140] 卜艳珍，王小攀，赵鹏飞，等. 盅口属三种线虫扫描电镜的比较研究（杆形目，圆线科）[J]. 动物分类学报，2013，38（1）：27-32.

[141] 卜艳珍，赵鹏飞，王美心，等. 普通圆线虫体表结构形态学观察[J]. 动物医学进展，2014，35（5）：124-127.

[142] 卜艳珍，王美心，赵鹏飞，等. 3种冠环线虫体表结构的扫描电镜观察[J]. 江苏农业科学，2014，42（8）：214-218.

[143] GEORGI J R. Parasitologia Veterinária, 3rd ed [M]. Rio de Janeiro: Interamericana, 1982.

[144] HOSTE H, LEFRILEUX Y, POMMARET A, et al. Importance du parasitisme par des strongles gastro-intestinaux chez les chèvres laitières dans le Sud Est de la France [J]. INRA Prod. Anim., 1999, 12: 377-389.

[145] SILVA A V M, COSTA H M A, SANTOS H A, CARVALHO R O. Cyathostominae (Nematoda) parasites of *Equus caballus* in some Brazilian states [J]. Vet. Parasitol., 1999, 86: 15-21.

[146] PEREIRA J R, VIANNA S S S. Gastrointestinal parasitic worms in equines in the Paraíba Valley, State of São Paulo, Brazil [J]. Vet. Parasitol., 2006, 140: 289-295.

[147] VERCRUYSSE J, HARRIS E A, KABORET Y Y, et al. Gastro-intestinal helminthes of donkeys in Burkina Faso [J]. Zeitschrift für Parasitenkunde, 1986, 72: 821-825.

[148] EYSKER M, PANDEY V S. Small strongyle infections in donkeys from the highveld in Zimbabwe [J]. Vet. Parasitol., 1989, 30: 345-349.

[149] PANDEY V S, EYSKER M. Internal parasites of equines in Zimbabwe. In: Fielding D F, Pearson R A (Eds.). Proc Colloq on Donkeys, Mules and Horses in Tropical Agricultural Development [C]. UK: Centre for Tropical Veterinary Medicine, University of Edinburgh, 1991, 167-173.

[150] PANDEY V S. Seasonal prevalence of Strongylus vulgaris in the anterior mesenteric artery of the donkey in Morocco [J]. Vet. Parasitol., 1980, 7: 357-362.

[151] KHALLAAYOUNE K. Benefit of a strategic deworming programme inworking donkeys in Morocco. In: Fielding D F, Pearson R A (Eds.). Proc Colloq on Donkeys, Mules and Horses in Tropical Agricultural Development [C]. UK: Centre for Tropical Veterinary Medicine, University of Edinburgh, 1991, 174-180.

[152] FESEHA G A, MOHAMMED A, YILMA J M. Vermicular endoparasitism in donkeys of Debre-Zeit and Menagesha, Ethiopia: Strategic treatment with ivermectin and fenbendazole. In: Fielding D F, Pearson R A (Eds). Proc Colloq on Donkeys, Mules and Horses in Tropical Agricultural Development [C]. UK: Centre for Tropical Veterinary Medicine, University of Edinburgh, 1991, 156-166.

[153] GRABER M. Helminthes et helminthioses des équidés (ânes et chevaux) de la République du Tchad [J]. Rev. Elev. Méd. Vét. Pays. Trop., 1970, 23: 207-222.

[154] MALAN F S, REINECKE R K, SCIALDO-KRECEK R C. Anthelmintic efficacy of fenbendazole in donkeys assessed by the non-parametric method [J]. J. S. Afr. Vet. Assoc., 1982, 53: 185-188.

[155] WELLS D, KRECEK R C, WELLS M, et al. Helminth levels of working donkeys kept under different management systems in the Moretele 1 district of the North-West Province, South Africa [J]. Vet. Parasitol., 1998, 77: 163-177.

[156] KRECEK R C, GUTHRIE A J. Alternative approaches to control of cyathostomes: an African perspective [J]. Vet. Parasitol., 1999, 85: 151-162.

[157] CRAIG T M, COURTNEY C H. Epidemiology and control of parasites in warm climates [J]. Vet. Clin. North Am: Equine Pract., 1986, 2: 357-366.

[158] LICHTENFELS J R, KHARCHENKO V A, SOMMER C, et al. Key characters for the microscopical identification of Cylicocyclus nassatus and Cylicocyclus ashworthi (Nematoda, Cyathostominae) of the horse, Equus caballus [J]. J. Helminthol. Soc. Wash., 1997, 64: 120-127.

[159] KHARCHENKO V A, DVOJNOS G M, KRECEK R C, et al. A redescription of Cylicocyclus triramosus (Nematoda, Strongyloidea) —a parasite of the zebra, Equus burchelli antiquorum [J]. J. Parasitol., 1997, 83: 922-926.

[160] 卜艳珍, 勾利美, 赵鹏飞, 等. 3种冠环线虫rDNA-ITS的PCR扩增及序列分析 [J]. 中国畜牧兽医, 2012, 39 (10): 33-37.

[161] BU Y Z, NIU H X, ZHANG L P. Phylogenetic analysis of the genus Cylicocyclus (Nematoda: Strongylidae) based on nuclear ribosomal sequence data [J]. Acta Parasitol., 2013, 58 (2): 167-173.

[162] 唐伯平, 周开亚, 宋大祥. 核 rDNA ITS 区序列在无脊椎动物分子系统学研究中的应用 [J]. 动物学杂志, 2002, 37 (4): 67-72.

[163] MARGOLIS L, ESCH G W, HOLMES J C, KURIS A M, SCHAD G A. The use of ecological terms in parasitology (repote of an ad hoc committee of the American Society of Parasitologists) [J]. J. Parasitol., 1982, 68: 131-133.

[164] BUSH A O, LAFFERTY K D, LLTZ J M, et al. Parasitology meets ecology on its own terms: Margolis et al. revisited [J]. J. Parasitol., 1997, 83: 575-583.

[165] HOLMES J C, PRICE P W. Communities of parasites. In: Kikkawa J, Anderson D J (Eds). Community ecology: pattern and process [C]. Melbourne: Blackwell Scientific Publications, 1986.

[166] J. 萨姆布鲁克, D.W. 拉塞尔, 分子克隆实验指南 [M]. 黄培堂, 译. 3版. 北京: 科学出版社, 2002.

[167] 何芳, 翁亚彪, 林瑞庆, 等. 鲁道夫对盲囊线虫 rDNA ITS 遗传标记的研究 [J]. 寄生虫与医学昆虫学报, 2005, 12 (2): 77-81.

中文名索引

三画

三齿属（20）
大唇片冠环线虫（35，91）
马圆形线虫（17）
小杯杯冠线虫（56，99）
小唇片冠环线虫（37，92）

四画

无齿圆形线虫（18，86）
不等齿杯口线虫（66，102）
日本三齿线虫（24，87）
长伞杯冠线虫（59，100）
长形杯环线虫（48，96）
双齿口属（26）
双冠双冠线虫（39，92）
双冠属（39）

五画

艾氏杯环线虫（42，93）
卡拉干斯齿线虫（64）
四刺蛊口线虫（27，88）
外射杯环线虫（55，99）
头似辐首线虫（70，104）

六画

耳状杯环线虫（46，95）
伊氏双齿口线虫（26，88）

七画

麦氏副杯口线虫（68，103）
阿氏杯环线虫（44，94）

八画

杯口属（65）
杯状彼得洛夫线虫（65，102）
杯环属（40）
杯冠属（56）
彼得洛夫属（64）
拉氏杯口线虫（67，103）
细口杯环线虫（52，97）

九画

显形杯环线虫（50，97）
蛊口属（27）
蛊口亚科（27）
冠环属（33）
冠状冠环线虫（33，90）

十画

真臂副杯口线虫（69，104）
圆形属（17）
圆线亚科（17）
高氏杯冠线虫（58，100）

十一画

副杯口属（68）

十二画

斯齿属（63）
短口囊杯环线虫（48）
短尾三齿线虫（23，87）
普通圆形线虫（20，86）

十三画

碗形盅口线虫（29，89）
辐首属（69）
辐射杯环线虫（40，92）
锯齿状三齿线虫（21）

微小杯冠线虫（61，101）

十四画

鼻状杯环线虫（53，98）

十五画

蝶状盅口线虫（31，89）

拉丁学名索引

B

Bidentostomum ivaschkini Tshoijo, 1957 (26)

Bidentostomum Tshoijo, 1957 (26)

C

Coronocyclus coronatus (Looss, 1900) (33)

Coronocyclus labiatus (Looss, 1902) (35)

Coronocyclus labratus (Looss, 1900) (37)

Coronocyclus Hartwich, 1986 (33)

Cyathostominae Nicoll, 1927 (27)

Cyathostomum catinatum Looss, 1900 (29)

Cyathostomum pateraturm (Yorke and Macfie, 1919) (31)

Cyathostomum tetracanthum (Mehlis, 1831) (27)

Cyathostomum (Molin, 1861) Hartwich, 1986 (27)

Cylicocyclus adersi (Boulenger, 1920) (42)

Cylicocyclus brevicapsulatus (Ihle, 1920) (48)

Cylicocyclus elongatus (Looss, 1900) (48)

Cylicocyclus insigne (Boulenger, 1917) (50)

Cylicocyclus leptostomus (Kotlan, 1920) (52)

Cylicocyclus nassatus (Looss, 1900) (53)

Cylicocyclus ultrajectinus (Ihle, 1920) (55)

Cylicocyclus Ihle, 1922 (40)

Cylicocylus ashworthi (LeRoux, 1924) (44)

Cylicocylus auriculatus (Looss, 1900) (46)

Cylicocylus radiatus (Looss, 1900) (40)

Cylicodontophorus bicoronatus (Looss, 1900) (39)

Cylicodontophorus Ihle, 1922 (39)

Cylicostephanus calicatus (Looss, 1900) (56)

Cylicostephanus goldi (Boulenger, 1917) (58)

Cylicostephanus longibursatus (Yorke and Macfie, 1918) (59)

Cylicostephanus minutus (Yorke and Macfie, 1918) (61)

Cylicostephanus Ihle, 1922 (56)

G

Gyalocephalus capitatus Looss, 1900 (70)

Gyalocephalus Looss, 1900 (69)

P

Parapoteriostomum euproctus (Boulenger, 1917) (69)

Parapoteriostomum mettami (Leiper, 1913) (68)

Parapoteriostomum Hartwich, 1986 (68)

Petrovinema poculatum (Looss, 1900) (65)
Petrovinema Erschow, 1943 (64)
Poteriostomum imparidentatum Quiel 1919 (66)
Poteriostomum ratzii (Kotlan, 1919) (67)
Poteriostomum Quiel 1919 (65)

S

Skrjabinodentus caragandicus Tshoijo, in Popova, 1958 (64)
Skrjabinodentus Tshoijo, in Popova, 1958 (63)
Strongylus edentatus (Looss, 1900) (18)

Strongylus equinus Müeller, 1780 (17)
Strongylus vulgaris (Looss, 1900) (20)
Strongylinae Railliet, 1885 (17)
Strongylus Müeller, 1780 (17)

Triodontophorus brevicauda Boulenger, 1916 (23)
Triodontophorus nipponicus Yamaguti, 1943 (24)
Triodontophorus serratus (Looss, 1900) (21)
Triodontophorus Looss, 1902 (20)